U0252453

国家自然科学基金项目（41861014）和内蒙古师范大学基本科研业务费专项项目（2023JBPT004）资金资助

蒙古高原积雪变化及其对草地植被物候影响机制研究

萨楚拉　王牧兰　著

科学出版社

北　京

内 容 简 介

本书探讨全球变暖背景下蒙古高原积雪环境的变化及其对草地生态系统的影响。通过对长时间序列的积雪参数和植被物候信息的综合分析，揭示积雪与草地植被物候之间的复杂关系。本书主要讨论积雪面积、雪深、土壤水分的变化趋势及其对草地植被物候的影响，并量化分析气候变化下蒙古高原不同植被物候对积雪相关参数变化的响应，以期丰富对干旱半干旱地区植被物候影响因素的认识，为改进草地生态系统模型提供科学支持。

本书适合从事生态学、地理学、气候学、遥感科学等相关领域的研究人员、高等院校师生以及政府决策部门的工作人员阅读参考。

审图号：GS 京（2025）0381 号

图书在版编目（CIP）数据

蒙古高原积雪变化及其对草地植被物候影响机制研究／萨楚拉，王牧兰著. -- 北京：科学出版社，2025. 1. -- ISBN 978-7-03-079461-1

Ⅰ. S812. 8

中国国家版本馆 CIP 数据核字第 202424R86B 号

责任编辑：王　倩／责任校对：樊雅琼
责任印制：徐晓晨／封面设计：无极书装

科 学 出 版 社 出版

北京东黄城根北街 16 号
邮政编码：100717
http://www.sciencep.com

北京建宏印刷有限公司印刷
科学出版社发行　各地新华书店经销

＊

2025 年 1 月第 一 版　开本：787×1092　1/16
2025 年 1 月第一次印刷　印张：12 1/2
字数：350 000

定价：**198.00 元**
（如有印装质量问题，我社负责调换）

前　言

　　蒙古高原位于干旱半干旱气候带，生态环境极为脆弱，同时蒙古高原拥有典型的草地生态系统和丰富的积雪资源。在全球变暖的大背景下，蒙古高原积雪环境发生了显著的变化，使得植被物候也发生变化，进一步影响了整个区域的草地生态系统。本书基于多源遥感数据、野外调查数据和再分析数据，提取长时间序列蒙古高原积雪参数（如积雪覆盖率、雪深、土壤水分等）和植被物候信息，研究积雪对不同类型的草地植被物候的影响。从以往气温–物候、降水–物候这些仅考虑气候因素的角度转换为积雪–物候的角度，多方面地研究影响蒙古高原不同类型草地植被的因子，是对影响植被物候因素研究的补充，可为改进现有草地生态系统模型中积雪–植被生长相互关系的模拟提供基础信息，对于蒙古高原长期生态环境保护和应对全球气候变化制定适应对策都具有重要意义。

　　本书是在国家自然科学基金项目（41861014）和内蒙古师范大学基本科研业务费专项项目（2023JBPT004）资金支持下完成的，研究成果包括四大部分。其中，第一部分是蒙古高原积雪面积变化及其对草地植被物候的影响；第二部分是蒙古高原雪深时空变化及其对草地植被物候的影响；第三部分是蒙古高原土壤水分时空变化及其对草地植被物候的影响；第四部分是气候变化下蒙古高原不同植被物候对积雪相关参数变化响应的量化研究。本研究结果对于深入理解陆地–大气相互作用和气候变化具有重要意义，同时为蒙古高原草原牧区雪灾监测、风险评估、灾情评价及灾后重建，区域旱情和草地植被生长监测，以及加强水土管理和促进农牧业生产的合理布局提供重要科学依据。

作者

2024 年 6 月

目　　录

第1章 绪 论

1.1 研究背景与意义

植被是生态系统的重要组成部分，在大气能量交换以及碳水循环过程中起着至关重要的作用，其物候特征与全球气候变化息息相关。植被物候因对气候变化敏感而被视为生态环境变化的综合"指标"，最为显著的就是春季植被物候。植被返青期（植被开始生长和恢复绿色的过程，即植物生长季开始时间）是植被生长过程中的重要阶段之一，对植被后期的生长产生重要影响。近年来的研究表明，北半球植被返青期会随着温度的不断升高而呈现出不同程度的提前趋势。然而 21 世纪后，虽然温度呈持续升高趋势，但是植被返青期却表现出不显著推迟或持续平稳的趋势，发生变化的原因被认为是春季温度改变或冬季温度升高。

国内外学者从不同角度对植被变化及其影响因素进行了大量研究，温度常常被认为是影响植被物候的主要控制因素。而 Shen 等（2011）的研究表明，水分条件（如降水和土壤含水量）对干旱地区植被的返青更为重要，能够使返青期的开始时间提前。此外，植被返青期与积雪覆盖密切相关。积雪对地面植被具有保温保湿的作用，可以减少地面风力，有利于翌年植被返青。反之，如果积雪较多，积雪时间过长也会抑制植被的返青。随着全球温度的不断升高，积雪融化时间改变，理想情况下，当积雪开始融化时，土壤中就有足够的液态水供植物生长利用，温度与降水共同促进植被生长。由此可以看出，植被对温度、降水、积雪均存在明显的响应。当前针对植被返青期的多数研究集中在探讨温度和降水对其的影响机制，而将积雪与温度、降水等结合，探讨植被返青期影响机制的研究还比较少，植被返青期的变化及其驱动机制仍存在较大的不确定性，因此，量化其对积雪、气候因子的敏感程度具有重要意义。

长期观测记录报道了 1980～2020 年国内外气候条件和植被的显著变化。最新的研究表明，气候变化可能会影响植被的长势、物候、碳源、碳汇。积雪会改变地表反照率和植被生产力，并会影响气候条件和能量平衡。积雪作为一种常见的自然现象，可以带来大量的水，并影响当地的自然环境。具体而言，土壤和植被上的积雪或融化可以直接影响植被生长发育的水热条件。同时，积雪保护植被和土壤免受高太阳辐射、风蚀和冰冻等破坏性自然因素的影响。

1.2 国内外研究进展

1.2.1 积雪遥感信息监测

(1) 积雪面积监测

20 世纪 80 年代 Harrison 和 Lucas (1989) 利用 AVHRR 遥感数据的通道 1、通道 2 的反照率之差进行监测积雪的分类和识别 (Kidder and Wu, 1987)。还有一些研究基于 AVHRR 数据,采用线性插值法以及线性混合光谱分解原理来研究森林地区的积雪覆盖面积估算方法 (Simpson et al., 1998; Metsämäki et al., 2002)。随着地球观测系统系列卫星发射,大量的研究采用时间、空间分辨率更高的中分辨率成像光谱仪 (MODIS) 积雪数据产品。Hall 等 (1995) 提出归一化差分积雪指数 (normalized difference snow index, NDSI) 来识别积雪,该方法是 MODIS 积雪数据产品使用的积雪识别方法 (Hall et al., 1996; Riggs et al., 2015)。光学遥感容易受到云层的干扰,因此很多研究者进行了 MODIS 影像每日 Terra-Aqua 合成、多日产品合成、光学和被动微波积雪信息融合等去云方面的研究,以提高积雪分类的精度 (王增艳和车涛, 2012; 陈文倩等, 2018; Hall et al., 2010)。张颖等 (2013) 利用拥有更高的空间分辨率的 Landsat-TM 数据对 MODIS 积雪数据产品进行验证,并重建算法。

随着气候和水文模型的发展,需要不断提高积雪覆盖范围识别精度,使用 NDSI 和监督分类法制作的积雪分类图像已不能满足研究需求,而积雪覆盖率算法可以识别亚像元的积雪面积,提高积雪面积监测精度 (Dobreva and Klein, 2011)。因此,开展积雪覆盖率方面的研究越来越受到国内外研究者的关注。国外利用混合像元分解方法选取合适的端元提取积雪覆盖率算法 (施建成, 2012; 郝晓华等, 2012)。国内利用混合像元分解方法来研究像元内的积雪覆盖率。这些算法虽然精度较高,但复杂性影响了其业务化的快速监测推广及其在全球尺度下的应用。刘良明等 (2012) 提出了基于 NDSI 的非线性积雪覆盖率回归模型,并利用建立的回归模型对提取的天山地区和祁连山地区的积雪覆盖率进行了验证。张颖等 (2013) 针对 MODIS 逐日积雪覆盖率产品 (MOD10A1) 存在精度差、地域限制等问题,利用 MODIS 地表反射率产品 (MOD09GA),提出了分段建模的方法,生成了精度更高的积雪覆盖率产品,并采用 Landsat 资料对该产品进行了验证。大量的研究利用遥感数据,研究积雪覆盖率和积雪植被指数之间的多元回归关系,反演不同区域的积雪覆盖率,并利用真实的值验证精度,使精度显著提高 (李云等, 2015; 郭建平等, 2016; Chen et al., 2016)。

(2) 积雪深度监测

被动微波遥感时间分辨率高并且可以穿透云层、地表有效获取积雪深度信息,使得被动微波遥感在获取雪深参数上有很大优势 (Metsämäki et al., 2002)。在国外,研究者开展了基于被动微波遥感的雪水当量以及积雪厚度反演算法等积雪遥感模型方面的大量研究,其中大多数积雪厚度模型都是基于 Chang 等 (1987) 提出的不同通道亮温特征建立的"亮温梯度"算法来反演积雪深度。之后大量的研究对该算法进行了修正，采用动态算法和静态算法相结合的算法反演雪深，提出了不同下垫面类型敏感的积雪厚度反演算法。但是，在积雪深度探测方面，仍有不少问题待研究。

在国内，高峰等（2003）利用多通道微波扫描辐射仪（SMMR）获得的被动微波亮温数据和我国西部气象台站的雪深资料对我国西部地区的反演雪深模型修正了 Chang 等（1987）的算法。车涛等（2004）以 Chang 等（1987）的算法为基础，利用被动微波 SMMR 不同频率水平极化亮温差和实测雪深数据建立线性回归的雪深反演模型，进行东西部地区雪深反演。李晓静等（2007）利用被动微波辐射计 SSM/I 数据开发了在我国及周边地区判识积雪的优化方法，大大减小了我国区域的冻土对被动微波遥感积雪识别分类的影响。延昊和张佳华（2008）对地球表面不同地物在被动微波辐射计 SSM/I 不同频率下的亮温值的差异特性进行波谱分析，建立了基于 SSM/I 微波检测积雪识别算法。仲桂新和张佳华（2010）、延昊和张佳华（2008）研究表明利用光学遥感和被动微波遥感积雪产品对比分析以及光学和被动微波融合可以提高积雪识别精度。多项研究基于星载微波辐射计的亮温数据，发现在青藏高原和新疆北部地区，当雪深超过一定深度时，被动微波遥感反演的雪深存在偏差，低估了雪深。如何选取微波辐射计的不同频率和不同极化的亮温值，提高基于被动微波遥感雪深反演模型精度成为雪深监测的瓶颈。

国内学者进行积雪研究时，主要关注的区域包括青藏高原、新疆北部、东北地区等典型积雪区域，国外学者进行北半球积雪研究时，关注的区域集中在北美洲、欧洲北部及北极地区，对蒙古高原积雪时空特征研究匮乏，本研究选择蒙古高原作为研究区，分析其积雪时空分布变化。

1.2.2 植被生长遥感监测

归一化植被指数（normalized difference vegetation index，NDVI）是反映大范围植被覆盖程度和生产力的重要遥感参数，广泛用于大范围植被生长变化的研究。

植物物候是指植物受气候变化、生物因子和非生物因子等影响而出现的以年为周期的各种生物学现象，如萌芽、发叶、开花、结果、叶黄和叶落等现象及其发生时间，是生态环境变化的综合"指示器"。植被物候变化与气候变化密切相关，在气候上的任一微小的变化都能被植被物候信息记录下来，被广泛认为是全球变化的"积分仪"和生态环境变化的综合"指示器"（侯学会等，2014；孔冬冬等，2017），已成为全球变化和碳循环研究的核心问题（Piao et al.，2006；Shen et al.，2014）。

传统的物候学通常采用野外定点目视观察法记录生物物候现象的季节变化和年际变化。该方法费时费力，不易开展长时间大范围的监测。随着遥感技术的发展与应用，大范围的长时间序列观测能够弥补传统物候观测手段的不足，使得观测角度由对植株个体的观测转变为对整体植被生态系统的观测，为实现植物物候观测由点到面的空间转换提供了现实可能。植被物候生长季的传统定义不再适用物候遥感监测，基于遥感技术的植被物候遥感监测侧重于植物物候生长季开始和结束日期的确定（武永峰等，2008；Reed et al.，1994）。目前，遥感植被物候监测方法主要包括阈值法、滑动平均法、拟合法、最大斜率法、累积频率法和主成分分析法。阈值法简单、有效，比值阈值（White et al., 1997）和多参量阈值（Dall'Olmo and Karnieli, 2002）更为稳定、可靠，但是阈值需要针对不同情况设定，影响算法精度。拟合法通过平滑模型函数拟合时间序列遥感数据提取物候信息，其中平滑模型函数主要包括逻辑斯谛（Logistic）函数法、非对称高斯函数法和谐波函数法。Zhang 等（2003）提出用分段式 Logistic 函数拟合法来拟合每年 NDVI 数据。谐波函数拟合曲线没有固定的形状，适合于提取各种植被类型的物候参数。该拟合法能有效抑制噪声影响，并且不需设置阈值或经验性限制条件。因此，全球范围的植被遥感物候产品广泛采用了拟合法（Wu et al., 2016；包刚等，2017；Hou et al., 2014；Zhao et al., 2015）。最大斜率法充分考虑参数时序曲线变化特征，增加限定条件可提高精度，但是需要结合实际情况设定阈值或限定条件，会限制其大尺度应用。累积频率法是遥感与观测数据有机结合的一种新途径，但是在缺少地面物候观测数据时无法使用。主成分分析法是基于贡献率最大的第一主分量的变化特征来监测物候变化，如果第一主分量的方差贡献率较小，则不能用于生长季估测。

NDVI 监测能够很好地反映植被生长态势，确定植被生长时期，本研究结合前人研究方法，利用 NDVI 数据计算蒙古高原植被生长时间，研究其物候时空分布变化及变化趋势。

1.2.3 积雪变化对植被生长的影响

植被物候对环境变化非常敏感，受环境变化影响表现出周期性变化。多数研究认为，温度和降水的变化是植被物候变化的主要原因（李夏子等，2013；Wang et al., 2014；Jiang et al., 2016）。Piao 等（2011）利用遥感和气象数据开展的研究表明受夏季降水减少影响，1982～2006 年植被生长季 NDVI 有两个截然相反的趋势，其中 1986～1997 年呈显著上升趋势，1997～2006 年呈下降趋势。遥感监测发现，北极地区苔原和灌木覆盖度增长，苔原和灌木呈长期绿化趋势，而在北美洲北方森林生产力下降，呈现"褐变"趋势（Beck and Goetz, 2011；Peng et al., 2011）。这些趋势被广泛认为是气候变暖使得低温对植被物候的限制得到释放以及生长季变暖的干旱胁迫的结果。近年来，国内外许多学者的实验和观测研究表明，冬季积雪会影响生长季的植物的生长以及生产力（Peng et al., 2010；Mark et al., 2015；Matsumura and Yamazaki, 2012；Trujillo et al., 2012）。Peng 等（2010）研究表明在中国，冬季积雪在调节沙漠植被生长中发挥着至关重要的作用，冬季雪深与草原 NDVI 之间也存在显著的正相关关系，但在森林、灌丛、高山草原中却并无此种相关性。Dorji 等（2013）认为高寒地区温度和融雪时间是影响植物发育的主要因素。Shen 等（2014）认为土壤解冻的时间及其后期的土壤含水量而不是融雪时间是植被物候的主要影响因素。这些结论表明中高纬度地区积雪变化对植被物候的影响存在不确定性。因此，本研究在对蒙古高原积雪、物候时空特征分析的基础上，探究蒙古高原积雪变化对草地植被物候的影响。

1.3　研究目标与研究内容

1.3.1　研究区概况

1.3.1.1　研究区地理位置

蒙古高原位于 37°22′N ~ 53°20′N、87°43′E ~ 126°04′E，地处亚欧大陆中心位置，行政区划上包括蒙古国全境、俄罗斯西伯利亚南部、中国北部内蒙古全境和西北部新疆部分地区（姜康等，2019）。

本研究选取蒙古高原主体部分，即蒙古国和中国内蒙古作为研究区（图 1.1），面积约 274.95 万 km²。由图 1.1 可以看出，蒙古高原地形地貌复杂多样，四面均有山脉环绕：北部为肯特山脉、萨彦岭和杭爱山脉；西部为阿尔泰山脉和戈壁阿尔泰山；南部为阴山山脉及部分贺兰山，海拔在 1400m 以上；东部为大兴安岭；中部为戈壁地区（温都日娜等，2017）。

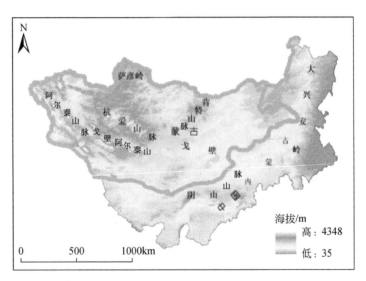

图 1.1　研究区地理位置

研究区属于温带大陆性气候，从西向东由干旱区向半干旱区过渡，因其地域广阔，深居内陆，气候类型复杂且多样。年平均降水量为 200mm，年平均温度极差很大，多在40℃以上（萨日盖等，2020）。春季受蒙古高压影响变小，而太平洋高压的加强使得研究区气温频繁波动且少雨多风；夏季来自海洋的湿润气流向内陆推进，形成雨季，但研究区西南部远离海洋，暖湿气流无法到达，使得降水稀少，研究区是极其干旱的内陆地区（管晓丹等，2014）。此外，研究区夏季日照时间变长，陆地表面接受的太阳总辐射能量增加，白天最高温度可达 35℃以上，但因地处高纬，夜间温度急剧降低，使得昼夜温差变大；秋季蒙古高压开始积累，来自海洋的湿润气流作用减小，大气结构较稳定，研究区降水变少，温度开始降低；冬季受西伯利亚反气旋形成的蒙古高压影响，寒冷期漫长，个别地区最低温度可达−40℃以下，并伴随大风及强降雪天气（宋海清等，2016）。蒙古高压和海暖湿气流随着季节交替的影响使得研究区形成了自西向东由干旱区向半干旱区过渡的气候分布格局。

1.3.1.2　研究区植被类型

蒙古高原复杂多样的地形地貌、气候使得不同地区拥有不同的地表植被分布格局，主要有林地（包括针叶林、阔叶林等）、草甸草原、典型草原、荒漠草原、农业植被、高山草原6种植被类型（图1.2）。东部和北部山地地区分布着高山草原和林地（包括针叶林、阔叶林等）；受气候、地形影响，草地植被自东向西依次由草甸草原、典型草原、荒漠草原逐渐过渡（张雯等，2018）。农业植被主要分布在东部和南部平原地区。

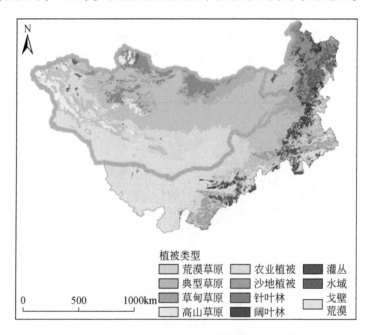

图 1.2　研究区植被分类

1.3.2　研究目标与研究内容

本研究基于多源实测、遥感、再分析数据，提取蒙古高原植被返青期信息，揭示蒙古高原春季植被返青的时空变化规律；利用相关分析、敏感度分析等方法量化植被返青期与积雪、气象因子及土壤水之间的响应关系；应用路径分析方法，定量分析不同植被物候对积雪物候参数的响应路径；阐明积雪物候参数对不同植被物候的影响机制。研究结果可为了解蒙古高原春季植被返青的影响机制和应对气候变化对环境的影响提供适当的建议和对策。

第2章 蒙古高原 2000~2017 年积雪面积变化及其对草地植被物候影响研究

2.1 数据与方法

2.1.1 数据源与预处理

2.1.1.1 数据源

（1）MODIS 数据

MODIS 作为地球观测系统（earth observing system，EOS）系列卫星的最主要传感器之一，用于长期观测地表、生物圈、地球表面、大气和海洋。第一台 MODIS 由 Terra 卫星搭载，于 1999 年发射，在上午 10∶30 穿越赤道；第二台 MODIS 由 Aqua 卫星搭载，于 2002 年发射，在下午 1∶30 穿越赤道。两颗卫星所搭载的 MODIS 传感器每隔 1~2 天便可以观测地球表面一次，波长范围 0.4~14.4μm，能够获取 36 个光谱波段，拥有更高的空间分辨率（250m、500m、1000m）。MODIS 有 4 级数据产品，其中 2~4 级数据产品包括大气、陆地、海洋共 44 种标准数据。本研究所使用的 MODIS 积雪数据和 MOD13A1 属于陆地 2 级标准数据。

1）MODIS 积雪数据。

地表积雪通常在可见光（VIS）波段有很高的反射率，在短波红外（SWIR）波段有非常低的反射率，而大多数积云在 SWIR 波段反射率很高。利用这一特性可以识别积雪，通过计算 NDSI 可以区分雪和大多数积云，但很难区分雪和薄卷云（Hall et al.，2010）。MODIS 积雪数据产品通过在积雪识别算法中结合云掩膜（MOD35_L2）数据消除积云的影响，结合 NDVI 数据以正确识别森林覆盖区域混合像元中的积雪。MODIS 积雪数据产品具有较高的精度。具体而言，MOD10A1 产品在晴天条件下的总体精度可以达到 98.5%（张学通等，2008），而其积雪分类精度可达 98.2%。因此，本研究使用 MODIS 积雪数据产品来提取积雪参数。

MODIS 数据包括 5 个科学数据集，分别是 NDSI 积雪覆盖数据集（NDSI_Snow_Cover）、NDSI 数据集（NDSI）、积雪反照率数据集（Snow_Albedo_Daily_Tile）和 2 种质量评估数据集（NDSI_Snow_Cover_Basic_QA、NDSI_Snow_Cover_Algorithm_Flags_QA）。NDSI_Snow_Cover 数据集 0~100 的有效值范围是在每个像元内结合云掩膜、海洋掩膜、夜晚掩膜得到的最佳观测结果，值越大表示该像元 NDSI 越大，NDSI_Snow_Cover 数据集有 9 种属性值，属性值范围及其含义如表 2.1 所示。

表 2.1　NDSI_Snow_Cover 数据集

属性值	属性值含义
0 ~ 100	NDSI 积雪覆盖（0% ~ 100%）
200	丢失数据（missing data）
201	未定义（no decision）
211	夜晚（night）
237	内陆水域（inland water）
239	海洋（ocean）
250	云（cloud）
254	传感器饱和（detector saturated）
255	填充数据（filldate）

本研究选用美国国家冰雪数据中心（National Snow and Ice Data Center，NSIDC）提供的每日积雪数据产品，版本 V006，空间分辨率为 500m，时间范围为 2000 ~ 2017 年每年 9 月 1 日 ~ 翌年 4 月 30 日。研究区在 MODIS 全球正弦瓦片格网中占 11 个瓦片，轨道号分别为 h23v03、h23v04、h24v03、h24v04、h25v03、h25v04、h25v05、h26v03、h26v04、h26v05、h27v04。

2）MOD13A1 数据。

本研究使用 MODIS 植被指数产品 MOD13A1（Terra），空间分辨率为 500m，时间分辨率为 16 天，投影方式为全球正弦投影。本研究使用累计 NDVI 的 Logistic 曲线曲率极值法进行草地植被物候的计算，该方法需要完整自然年内的 NDVI，而 Terra 卫星的 MODIS 数据开始时间为 2000 年 2 月 24 日，故舍弃 2000 年的 MOD13A1 数据，时间范围为 2001 年 1 月 1 日 ~ 2017 年 12 月 31 日。MOD13A1 数据来源于美国地质勘探局（United States Geological Survey，USGS）土地过程分布式活动档案中心（Land Processes Distributed Active Archive Center，LP DAAC）提供的提取、探索、分析已有数据应用（AppEEARS），共获取 391 幅影像。该应用提供了一种简单有效的方法来访问和转换各种地理空间数据，可以直接获取数据产品的指定数据集，不必再利用 MRT 进行数据拼接、重采样、投影转换等数据预处理步骤，效率提高。NDVI 数据集数据范围为 − 2000 ~ 10 000，比例系数为 0.0001。

（2）高程数据

先进星载热发射和反射辐射仪（the advanced spaceborne thermal emission and reflection radiometer，ASTER）是 Terra 搭载的 5 种最主要的传感器之一，其全球数字高程模型（DEM）数据（ASTER GDEM）由美国国家航空航天局（NASA）和日本经济产业省（METI）联合开发。为研究不同海拔对积雪、物候的影响，本研究选用 ASTER GDEM V002 作为高程数据，数据来源于 USGS LP DAAC，空间分辨率为 30m，版本为 V002，数据格式为 GeoTIFF，投影方式为 WGS-84。覆盖研究区范围为 $35°N ~ 37°N$、$85°E ~ 125°E$，共 680 幅 DEM 影像。

（3）气象数据

气象数据主要包括气温、降水量数据，来源于英国东英格利亚大学气候研究中心（Climatic Research Unit，CRU）免费提供的空间分辨率为 0.5° 的再分析气象产品数据（https：//crudata. uea. ac. uk/cru/data/hrg/cru_ ts_ 4.03），版本 V4.03，其是 CRU 通过集合全球历史气候网等具有象征性的数据库而建立的一套完备、连续且分辨率高的全球陆地表面气候数据集。本研究选取 2000～2017 年积雪季节每月平均气温和降水量数据进行相关分析。

2.1.1.2 数据预处理

（1）遥感影像预处理

MRT 是一款处理 MODIS 数据的软件，在图形用户界面（GUI）中可以为一幅或多幅影像中指定的波段或科学数据集完成重采样、投影转换、图像拼接等预处理操作，最后输出指定格式的文件。对于大量数据，MRT 提供命令行方式进行批处理操作。本研究选用命令行方式对积雪产品数据进行预处理。

1）MODIS 积雪数据。利用 MRT 软件命令行方式对 2000～2017 年 MODIS 积雪数据中 NDSI、积雪反照率两个数据集进行重采样、投影转换、图像镶嵌等批处理操作，重采样选择最近邻法，投影坐标系选择 Albers 投影，基准面选择 WGS84，输出文件格式为 GeoTIFF。在 PyCharm 软件中利用 Arcpy 库编程实现利用研究区边界矢量文件对预处理完成影像数据进行批量裁剪，得到研究区 2000～2017 年每日 NDSI 积雪覆盖数据、每日积雪反照率数据。参考杨倩（2015）MODIS 积雪数据产品合成方法，本研究首先对逐日积雪产品进行属性重赋值，在此基础上设定云量 ≤10% 和合成天数 5 天两个阈值，对 MODIS 积雪数据产品进行合成。

2）MOD13A1 数据。在 AppEEARS 平台上下载的 NDVI 数据已经完成了图像拼接，但没有投影坐标。在 PyCharm 软件中利用 Arcpy 库编程批量实现对影像投影转换、重采样，投影坐标系选择 Albers 投影，利用研究区边界矢量文件进行批量裁剪，得到研究区 2001～2017 年每 16 天 NDVI 数据。

（2）高程数据预处理

利用 ArcGIS 10.1 软件，将 GDEM 数据按纬度分别进行图像拼接，最后拼接成一幅完整影像。由于下载的 GDEM 数据只有地理坐标，没有投影坐标，需要对 GDEM 数据定义投影坐标系，再利用研究区边界矢量文件在 ArcGIS 软件中进行裁剪，得到研究区数字高程数据。

（3）气象数据预处理

利用双线性插值法，对 CRU 数据集中所需的研究区 2000～2017 年积雪季节每月平均气温和降水量数据进行空间插值处理，使其空间分辨率达到 500m，与积雪数据的空间分辨率保持一致，并按研究区边界对处理后的气象数据进行提取，得到研究区的气象数据。

2.1.2　研究方法

利用预处理完成的数据进行积雪、物候信息的提取。本研究使用的积雪参数信息包括积雪覆盖率（snow cover fraction，SCF）、积雪日数（snow cover duration，SCD）、初雪日期（snow cover onset date，SCOD）、终雪日期（snow cover end date，SCED）、稳定积雪（stable snow cover，SSC）、不稳定积雪（unstable snow cover，USC）、积雪反照率（snow albedo，SA）7 种积雪参数。本研究所使用的物候参数信息包括 NDVI、植被生长季开始时间（start of growing season，SOS）、植被生长季结束时间（end of growing season，EOS）以及植被生长季长度（length of growing season，LOS）4 种关键指标。利用上述参数描述研究区 2000~2017 年积雪与物候时空特征，分析其变化趋势。因为湖泊影响积雪与物候参数的提取，本研究将所有湖泊全部进行掩膜去除。

2.1.2.1　积雪参数定义及提取方法

(1) 积雪季节

本研究考虑蒙古高原实际情况，将每年 9 月 1 日~翌年 4 月 30 日定义为一个积雪季节（snow cover season，SCS）。例如，2000 年 9 月 1 日~2001 年 4 月 30 日为 2000 年的积雪季节，以此类推。每个积雪季节有 242/243 天（平年/闰年）（萨楚拉等，2015）。

(2) 积雪覆盖率

像元积雪覆盖率（pixel snow cover fraction，SCF_p）表示一个像元中积雪所占的比例，由于 V006 版本 MODIS 积雪数据只提供最优 NDSI 积雪覆盖值，不再提供 SCF_p，因此本研究选用 MODIS 积雪数据产品用户指南推荐的经验回归逐像元计算 SCF_p，其计算公式如式（2-1）所示：

$$SCF_p = (-0.01 + 1.45 \times NDSI_p) \times 100 \qquad (2\text{-}1)$$

式中，SCF_p 为像元积雪覆盖率；$NDSI_p$ 为对应像元的 NDSI。通过统计积雪像元个数 N_s 及对应像元 SCF_p，可得到研究区的积雪覆盖率 SCF。计算公式如式（2-2）所示：

$$SCF = SCF_p \times N_s \qquad (2\text{-}2)$$

式中，N_s 为积雪像元的个数；SCF_p 为对应像元积雪覆盖率。

(3) 积雪日数

SCD 表示研究区在一个积雪季节中出现积雪的总天数，通过计算遥感影像上任意一个像元在一个积雪季节中被识别为积雪的总次数可以得到研究区一个积雪季节的 SCD。利用该方法首先计算研究区每年 SCD，再利用平均值法计算得到 2000~2017 年研究区平均 SCD。

(4) 稳定积雪、不稳定积雪

为描述研究区积雪稳定情况，参考萨楚拉等（2013）对 SSC、USC 的定义，本研究将一个积雪季节内，SCD 小于 60 天的区域定义为不稳定积雪区域，SCD 大于或等于 60 天的区域定义为稳定积雪区域。

(5) 初雪日期、终雪日期

本研究参考萨楚拉等（2013）、王增艳和车涛（2012）、Gao 等（2011）对 SCOD、

SCED 的定义，结合蒙古高原实际情况，若一个积雪季节内，任意一个像元首次出现积雪且随后连续 5 天该像元均有积雪覆盖，则将连续 5 天中第一天的儒略日定义为 SCOD；若一个积雪季节内，任意一个像元最后一次出现积雪且之前连续 5 天该像元均有积雪覆盖，则将连续 5 天中最后一天的儒略日定义为 SCED。根据定义首先计算研究区每年 SCOD、SCED，再利用平均值法计算得到 2000～2017 年研究区平均 SCOD、平均 SCED。

（6）积雪反照率

SA 是指在太阳辐射影响下，物体表面反射辐射通量与入射辐射通量的比值（王介民和高峰，2016）。SA 是积雪时间和与积雪时间相关的雪粒径、雪污染物、太阳天顶角有关的函数。在积雪覆盖区域，太阳的入射辐射能量只有很少一部分能够被吸收，因此 SA 不仅能反映研究区地表积雪覆盖情况，更是影响地表–大气能量循环的重要因子。

（7）合成方法

最大值合成（maximum value composite，MVC）法是在指定的多幅遥感影像中对每个像元取最大值重新生成一幅新的影像的方法。利用最大值合成法处理 MODIS 每日积雪产品得到每月 SCS、SCF、SA 数据。

2.1.2.2 物候信息定义及提取方法

（1）累计 NDVI 的 Logistic 曲线曲率极值法

基于累计 NDVI 的 Logistic 曲线曲率极值法的物候参数提取是利用 Logistic 函数对累计的年内 NDVI 进行拟合，模拟出 NDVI 变化曲线［式（2-3）］，然后计算累计 NDVI 的 Logistic 曲线曲率［式（2-4）］（包刚等，2017），最后通过累计 NDVI 的 Logistic 曲线曲率极值法，逐像元提取植被物候 SOS 和 EOS。

$$y(t) = \frac{c}{1+e^{a+bt}} + d \tag{2-3}$$

$$K = \frac{d\alpha}{ds} = -\frac{b^2 cz(1-z)(1+z)^3}{\left[(1+z)^4 + (bcz)^2\right]^{\frac{3}{2}}} \tag{2-4}$$

式中，t 为儒略日（一年为 365 天，1 月 1 日为第 1 天，1 月 2 日为第 2 天，以此类推）；$y(t)$ 为累计 NDVI，这个值与时间 t 相对应，通过累计 NDVI 的 Logistic 曲线拟合得到；d 通常为背景值 NDVI，通过分析一年内所有 NDVI 数据，选择其中的最小值作为背景值；a、b、c 为拟合参数；d 为 NDVI 背景值；z 为与时间 t 有关的指数函数，用于描述随时间变化的某个现象或过程。这样定义 z 是为了简化公式中关于时间 t 的复杂表达式。通过计算曲线曲率 K，根据曲线曲率极值法，提取研究区逐年逐像元上的极大值和极小值，这两个值分别代表返青期和枯黄期。

（2）物候参数定义

生长季开始时间 SOS 和生长季结束时间 EOS 为累计 NDVI 的 Logistic 曲线曲率极大值和极小值对应的儒略日。生长季长度 LOS 为植被生长季开始直到结束所持续的时间，其计算公式如式（2-5）所示：

$$LOS = EOS - SOS \tag{2-5}$$

2.1.2.3　趋势分析

利用一元线性回归方法可以计算每个像元在时间序列上的变化趋势（徐雨晴等，2004）。本研究通过接口定义语言（IDL）编程实现利用一元线性回归分析方法计算研究区积雪、物候参数栅格数据中每个像元的斜率，即各参数的年际变化率，得到 2000 ~ 2017 年研究区各参数年际变化空间分布情况。计算公式如式（2-6）所示：

$$\text{SLOPE} = \frac{n \times \sum\limits_{i=1}^{n} i \times X_i - \sum\limits_{i=1}^{n} i \times \sum\limits_{i=1}^{n} X_i}{n \times \sum\limits_{i=1}^{n} i^2 - (\sum\limits_{i=1}^{n} X_i)^2} \tag{2-6}$$

式中，i 为年序号；n 为时间序列长度；X_i 为各参数第 i 年的值。SLOPE>0 表示时间序列呈增长趋势，SLOPE<0 表示时间序列呈下降趋势。使用 t 检验对结果进行显著性检验，显著性水平 $\alpha = 0.05$，t 检验计算公式如式（2-7）~ 式（2-10）所示：

$$t = \frac{b}{S_b} \tag{2-7}$$

$$b = \frac{\sum\limits_{i=1}^{n} (X_i - \bar{x}) \times \sum\limits_{i=1}^{n} (i - \bar{i})}{\sum\limits_{i=1}^{n} (X_i - \bar{X})^2} \tag{2-8}$$

$$S_b = \frac{S_{yx}}{\sqrt{\sum\limits_{i=1}^{n} (X_i - \bar{x})^2}} \tag{2-9}$$

$$S_{yx} = \sqrt{\frac{\sum\limits_{i=1}^{n} (i - \hat{i})^2}{n - 2}} \tag{2-10}$$

式中，S_b 为样本回归系数标准差；S_{yx} 为剩余标准差。若 $t > t_{0.05}$，表示结果显著相关；若 $t < t_{0.05}$，表示结果不显著相关。

2.1.2.4　相关分析

通过对相关系数的计算与检验可以测定地理要素之间相互关系的密切程度。本研究利用线性相关分析方法，研究积雪与植被物候之间的相关关系。选取研究区积雪参数作为自变量，具体为初雪日期（x_1）、终雪日期（x_2）、积雪覆盖率（x_3）、积雪日数（x_4）；此外，选取研究区的物候参数作为因变量，具体包括生长季开始时间（y_1）、生长季结束时间（y_2）、生长季长度（y_3）。

线性相关分析主要通过计算相关系数确定相关性。相关系数的计算方法多种多样，本研究选用皮尔逊（Pearson）相关系数，计算公式如式（2-11）所示（胡春春，2017）：

$$r_{xy} = \frac{\sum\limits_{i=1}^{n} (x_i - \bar{x})(y_i - \bar{y})}{\sqrt{\sum\limits_{i=1}^{n} (x_i - \bar{x})^2} \sqrt{\sum\limits_{i=1}^{n} (y_i - \bar{y})^2}} \tag{2-11}$$

式中，r_{xy} 为要素 x 和 y 之间的相关系数，r_{xy} 介于 [-1, 1]，其绝对值越大，表示相关性越强，$r_{xy}>0$ 表示变量间呈正相关关系，$r_{xy}<0$ 表示变量间呈负相关关系；$\bar{x}$ 和 $\bar{y}$ 为分别两个要素的样本均值，其计算公式分别如式（2-12）和式（2-13）所示：

$$\bar{x} = \frac{1}{n}\sum_{i=1}^{n} x_i \tag{2-12}$$

$$\bar{y} = \frac{1}{n}\sum_{i=1}^{n} y_i \tag{2-13}$$

本研究利用一元线性回归分析方法，逐像元计算了 2000～2017 年蒙古高原积雪参数的空间变化趋势。为了评估回归结果的可靠性，进行了显著性检验，并将检验结果划分为四类（表2.2）。在此基础上，统计了各类显著性结果对应的像元面积占研究区总面积的比例，从而能够清晰直观地分析 2000～2017 年蒙古高原积雪的空间变化情况。

表 2.2　显著性检验结果分类表

变化趋势	检验标准（双尾，$\alpha=0.05$）
显著增加	SLOPE>0，$t>t_\alpha$
显著减少	SLOPE<0，$t>t_\alpha$
增加不明显	SLOPE>0，$t\leq t_\alpha$
减少不明显	SLOPE<0，$t\leq t_\alpha$

2.1.2.5　灰色关联分析

灰色关联分析根据序列曲线几何形状的相似程度来判断联系是否紧密，曲线越接近，相应序列之间的关联度越大。本研究利用 MATLAB 软件编程实现不同草地类型积雪、物候参数灰色关联度计算，以进一步进行灰色关联分析（刘思峰等，2010）。计算过程如下。

（1）选取参考序列和比较序列

利用 2.4.4 节选取的自变量和因变量，将积雪参数设定为参考序列，$X_i = \{x_i(k), i=1, 2, \cdots, n; k=1, 2, \cdots, m\}$；将物候参数设定为比较序列 $Y_i = \{y_i(k), i=1, 2, \cdots, n; k=1, 2, \cdots, m\}$。其中，$X_i$ 表示参考序列，Y_i 表示比较序列，i 表示序列类别编号，k 表示序列长度。

（2）序列标准化

为消除量纲影响，本研究使用标准化处理方法对数据进行标准化处理，计算公式如式（2-14）和式（2-15）所示：

$$X_i'(k) = \frac{X_i(k) - \bar{X_i}}{\sigma} \tag{2-14}$$

$$Y_i'(k) = \frac{Y_i(k) - \bar{Y_i}}{\sigma} \tag{2-15}$$

式中，$\bar{X_i}$、$\bar{Y_i}$ 为序列均值；σ 为序列标准差。

（3）最大差、最小差计算

分别计算比较序列与参考序列的绝对值差，其最大值为最大差、最小值为最小差。计算公式如式（2-16）所示：

$$\Delta_i = \left| Y'_i(k) - X'_i(k) \right|, i = 1, 2, \cdots, n; k = 1, 2, \cdots, m \tag{2-16}$$

（4）关联系数计算

关联系数计算公式如式（2-17）所示：

$$\xi(k) = \frac{\min_i \min_k \Delta_i(k) + \alpha \times \max_i \max_k \Delta_i(k)}{\Delta_i(k) + \alpha \times \max_i \max_k \Delta_i(k)} \tag{2-17}$$

式中，α 为分辨系数，大量学者研究表明当 $\alpha \leqslant 0.5463$ 时，分辨力最好，本研究设定 $\alpha = 0.5$。

（5）平均灰色关联度计算

对序列中所有灰色关联度求算数平均值，计算公式如式（2-18）所示：

$$r_i = \frac{\sum_{k=1}^{n} \xi_i(k)}{n} \tag{2-18}$$

2.2 蒙古高原积雪特征及变化趋势

蒙古高原地域广阔，积雪情况复杂多样。对于不同积雪参数，首先描述研究区积雪参数时空变化特征，最后利用一元线性回归分析方法及其显著性检验结果描述其变化趋势。

为了能够更好地描述研究区积雪的分布特征，利用预处理完成的 MODIS 积雪合成数据，通过最大值合成法求得每月 SCF、SA 数据；利用每月 SCF 数据计算 SCF 月际、年内、年际变化情况及空间分布；利用每日 SCF 数据计算 SCD、SCOD、SCED 年内、年际变化情况及空间分布；利用每日 SA 数据计算 SA 年内、年际变化情况及空间分布。

2.2.1 积雪覆盖率

2.2.1.1 积雪覆盖率时空分布特征

（1）空间变化

本研究利用 2000～2017 年研究区的每月 SCF 数据，计算了该时段的 SCF 平均值，进而得到了研究区 2000～2017 年积雪季节多年平均 SCF 空间分布（图 2.1）。如图 2.1 所示，研究区 SCF 分布有很明显的地域分布规律：北部 SCF 明显大于南部，而且北部 SCF 从东西两侧向中间减少。研究区西北部阿尔泰山脉、杭爱山脉 SCF 在 60% 以上，但两山间的山谷区域 SCF 却在 40% 以下；北部肯特山脉及周围区域 SCF 在 40%～55%；东部大兴安岭 SCF 不到 30%，而其西侧的呼伦贝尔高原 SCF 在 50% 以上。研究区东南部赤峰市和通辽市 SCF 不到 20%，但其西侧锡林郭勒草原 SCF 却在 40% 以上。研究区中部、西部和西南部很少有积雪出现，大部分地区 SCF 不超过 10%。

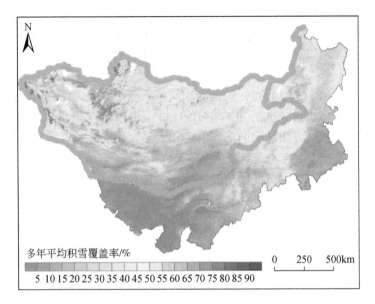

图 2.1　2000～2017 年蒙古高原积雪季节多年平均积雪覆盖率空间分布

（2）年内变化

此外，本研究计算了年内积雪季节月平均 SCF 变化。从图 2.2 可以看出，研究区多年月平均 SCF 呈单峰分布，SCF 在 9 月最小，为 5.88%；在 1 月最大，为 67.49%。研究区年内积雪由积雪积累阶段和积雪消融阶段两个过程组成。积雪积累阶段开始于 9 月，此时SCF 不足 10%，10～11 月 SCF 快速增长，增速分别为 18.77%、26.99%，随后增速变缓，至 1 月，SCF 达到最大值，此时研究区 65% 以上的区域有积雪覆盖；积雪消融阶段开始于2 月，3～4 月积雪快速消融，减速分别为 12.43%、27.06%，至 4 月，SCF 为 21.79%。

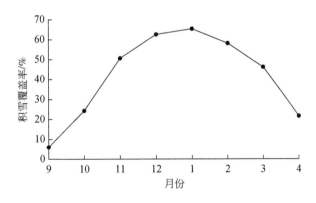

图 2.2　2000～2017 年积雪季节月平均积雪覆盖率变化

如图 2.3 所示，空间上，2000～2017 年研究区积雪有明显的北早南晚的特征，积雪范围变化情况为：积雪积累阶段（9 月～翌年 1 月），研究区北部 9 月首先出现积雪，积雪覆盖面积和 SCF 不断增大，随后 11 月研究区南部开始积雪，至 1 月积雪面积最大，SCF最大；积雪消融阶段（2～4 月），研究区西南部和中部少部分地区首先出现积雪消融现象，随着时间推移，消融趋势不断向北发展，积雪面积和 SCF 不断减小，至 4 月，研究区大部分地区已无积雪。9 月研究区基本无积雪，仅 6% 的地区有积雪出现，分布在西北部杭爱山脉、萨彦岭、阿尔泰山脉和北部肯特山脉高海拔地区，是积雪季节中最早有积雪覆盖的地区。

　　积雪积累阶段，10 月有 24.43% 的地区出现积雪，积雪集中在研究区西北部、北部、东部，其中 9 月有积雪出现地区的 SCF 在 10 月进一步增大，局部地区 SCF 在 50% 以上，但西北部阿尔泰山脉和杭爱山脉间的山谷地区和东部大兴安岭地区此时仍无积雪出现；研究区南部、中部和东南部大部分地区无积雪，只有零星区域出现积雪，SCF 很低。11～12 月积雪范围进一步扩大，在 12 月已经有 62.67% 的地区出现积雪，SCF 已在 50% 以上，研究区除西南部阿拉善高原西南部外都有积雪出现。1 月积雪积累阶段结束，研究区积雪范围达到最大，为 65.58%。SCF 超过 75% 的地区集中在以下几个地区：研究区西北部的阿

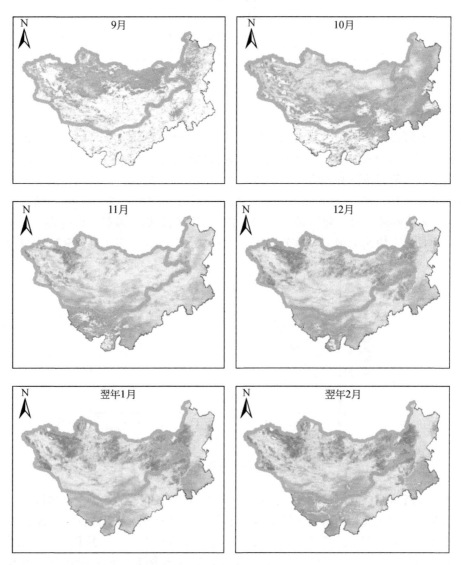

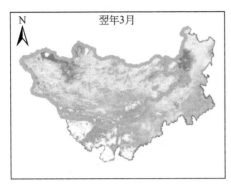
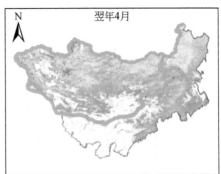

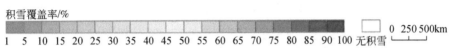

图 2.3　2000～2017 年蒙古高原月平均积雪覆盖率空间分布

尔泰山脉、杭爱山脉、萨彦岭，北部的肯特山脉，西北部和东部的呼伦贝尔高原和锡林郭勒草原。研究区西南部阿拉善高原和中部戈壁地区以及东南部的赤峰市、通辽市 SCF 不到 30%，其余地区 SCF 在 45%～65%。

　　积雪消融阶段，翌年 2 月有近四成的地区已经没有积雪，从图 2.3 可以明显看出，翌年 2 月 SCF 降低的地区和翌年 1 月 SCF 不到 30% 的地区大体一致，翌年 1 月 SCF 超过 75% 的地区在翌年 2 月 SCF 没有减小，仍然是研究区 SCF 最高的地区。翌年 3 月积雪范围进一步减小，只有研究区西北部的萨彦岭及杭爱山脉西北部地区、东部的呼伦贝尔高原和锡林郭勒草原东北部地区 SCF 超过 70%，其余地区 SCF 不到 50%。翌年 4 月研究区 80% 的地区已经没有积雪，剩余有积雪的地区分布在研究区西北部杭爱山脉、萨彦岭和东部的大兴安岭及呼伦贝尔高原的部分地区，此时这些地区 SCF 仍很高，在 40% 以上。

　　2002～2018 年研究区逐月 SCF 变化情况（图 2.4）显示最大 SCF 出现在 2002 年 12 月，为 81.69%；最小 SCF 出现在 2001 年 9 月，为 1.86%。整体来看，研究区年内 SCF 变化有明显的单峰和双峰波动变化特点。

　　年内 SCF 呈单峰波动变化的年份有 8 年，分别是 2002 年、2005 年、2007 年、2010 年、2012 年、2014 年、2015 年、2017 年，其中 2002 年、2012 年、2015 年最大 SCF 出现在 12 月，这些年份在 9～12 月积雪，SCF 不断增加，翌年 1～4 月积雪开始消融，SCF 迅速减小；2005 年、2007 年、2010 年、2014 年、2017 年 SCF 最大值月份为翌年 1 月，这些年份在 9 月～翌年 1 月积雪，SCF 不断增大；翌年 2～4 月积雪开始消融，SCF 迅速减小。

　　2002～2018 年，研究区共有 8 个年份的年内 SCF 表现出双峰波动变化特点，分别是 2003 年、2004 年、2006 年、2008 年、2009 年、2011 年、2013 年和 2016 年。具体的双峰波动变化特点如下。

　　2003 年、2009 年：两个峰值分别出现在 11 月和翌年 1 月，波谷出现在 12 月。

　　2004 年、2013 年、2016 年：两个峰值分别出现在 12 月和翌年 2 月，波谷出现在翌年 1 月。

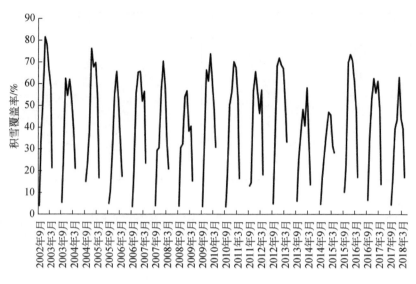

图 2.4　2002～2017 年研究区逐月积雪覆盖率变化情况

2006 年、2008 年：两个峰值分别出现在翌年 1 月和 3 月，波谷出现在翌年 2 月。

2011 年：两个峰值分别出现在 12 月和翌年 3 月，波谷出现在翌年 2 月。

这些双峰波动变化的年内 SCF 反映了特定年份积雪覆盖的季节性变化模式。

（3）年际变化

利用 2000～2017 年研究区每日 SCF 数据，计算逐年积雪季节年平均 SCF。图 2.5 是研究区 2000～2017 年逐年积雪季节年平均 SCF 统计图。如图 2.5 所示，研究区 2000～2017 年年平均 SCF 集中在 30%～50% 波动且波动幅度较大，只有 2002 年、2012 年、2015 年 SCF 在 50% 以上；SCF 不到 40% 的年份有 7 年，分别是 2001 年、2005 年、2007 年、2008 年、2013 年、2014 年、2017 年；其余年份 SCF 介于 40%～50%。年平均 SCF 最大差值为 22.09 个百分点，其中 2002 年最大，为 53.23%；2014 年最小，为 31.14%，可能与当年研究区降水少有关。当年 SCF 与前一年 SCF 相比（从 2001 年开始），呈下降趋势的

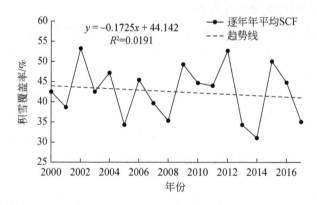

图 2.5　2000～2017 年逐年积雪季节年平均积雪覆盖率

年份有 10 年，呈增加趋势的年份有 6 年，结合其线性变化可知，研究区 2000～2017 年年平均 SCF 呈轻微下降趋势，降速为 0.17%/a。

图 2.6 为 2000～2017 年研究区逐年积雪季节 SCF 空间分布情况，大体上研究区每年积雪季节的积雪分布、SCF 与多年积雪季节平均积雪分布、SCF 相一致，都有明显的北大南小的特征。研究区西北部阿尔泰山脉、杭爱山脉、萨彦岭，北部肯特山脉，东部呼伦贝尔高原和锡林郭勒草原每年都会有积雪出现且 SCF 很高。

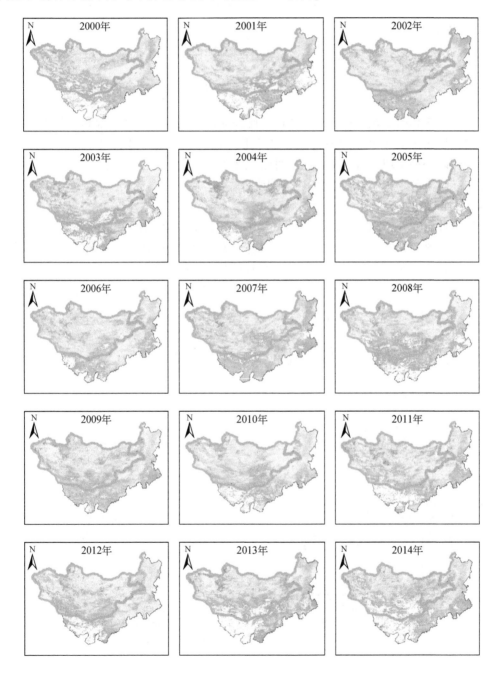

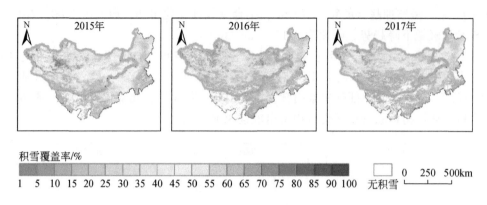

图 2.6　2000～2017 年研究区逐年积雪覆盖率空间分布情况

综合图 2.5 和图 2.6，在年平均 SCF 不到 28% 的年份，研究区中部和南部很少有积雪出现，这些地区年平均 SCF 均不足 10%；年平均 SCF 在 36% 以上的年份，研究区除西南部部分地区以外都出现积雪。结合这两种情况来看，研究区中部和南部是否有积雪、SCF 大小是主导研究区 SCF 变化趋势的主要原因。

（4）月际变化

分别统计研究区 2000～2017 年积雪季节各月 SCF 变化情况，得到各月 SCF 变化图（图 2.7），从图 2.7 可知，在积雪季节，只有 9 月 SCF 呈现增长趋势，而 12 月、翌年 1 月、翌年 4 月 SCF 呈现下降趋势，其他 4 个月份基本保持不变。

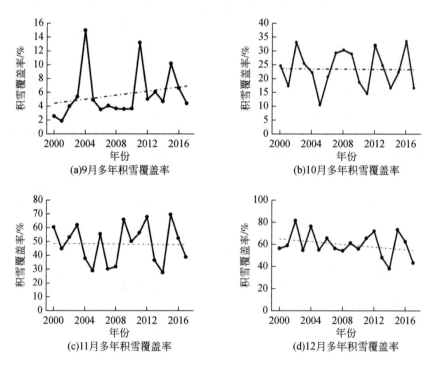

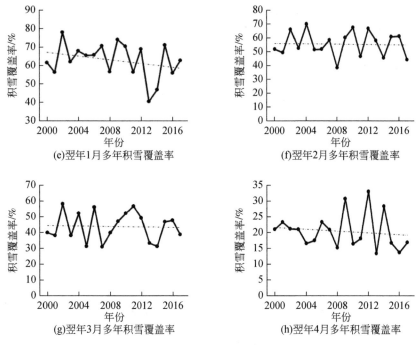

(e)翌年1月多年积雪覆盖率　　　　(f)翌年2月多年积雪覆盖率

(g)翌年3月多年积雪覆盖率　　　　(h)翌年4月多年积雪覆盖率

图2.7　2000~2017年研究区积雪季节各月积雪覆盖率

2000~2017年，9月SCF大多在4.5%左右波动，年际呈现增长趋势，2004年、2011年、2015年SCF大于10%，分别为14.97%、13.14%、10.15%，是SCD特别高的年份。10月、11月、翌年2月、翌年3月SCF年际变化趋势不明显，但是不同年份SCF波动无规律且波动特别剧烈，其中10月SCF最大值为33.59%，最小值为10.60%，平均值为23.56%，极差为22.99%；11月SCF最大值为70.06%，最小值为27.90%，平均值为48.72%，极差为42.16%；翌年2月SCF最大值为69.83%，最小值为38.2%，平均值为48.72%，极差为42.16%；翌年3月SCF最大值为58.64%，最小值为31.50%，平均值为44.20%，极差为27.14%。12月SCF在38.29%~80%波动，呈现减少的趋势，其中2014年SCF最小，仅为38.29%。翌年1月SCF在40%~80%波动，2000~2012年SCF缓慢波动减少，但在2013年突然减少，SCF仅为40.68%，2014~2017年SCF逐渐波动增加。翌年4月SCF在15%~35%波动，整体呈现缓慢的下降趋势，除2009年（30.89%）、2012年（33.14%）、2014年（28.40%）这3个波动异常明显的年份外，其他年份变化波动不剧烈。

2.2.1.2　积雪覆盖率变化趋势

利用一元线性回归分析方法逐像元计算2000~2017年研究区SCF空间变化趋势，结果如图2.8所示。从图2.8可以看出，SLOPE高值区主要分布在东部大兴安岭东侧、呼伦贝尔草原和锡林郭勒草原地区，此外西北部阿尔泰山脉、杭爱山脉南侧、中部戈壁地区也有零星分布，上述地区SCF呈现增加趋势。SLOPE低值区主要分布在西部阿尔泰山脉南侧、中部肯特山脉的东侧和南侧，上述地区SCF呈减少趋势。

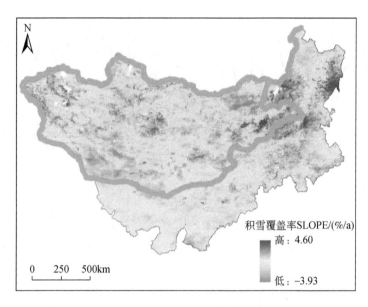

图 2.8　2000～2017 年研究区积雪覆盖率空间变化趋势

　　图 2.9 和表 2.3 展示了 2000～2017 年研究区 SCF 变化趋势经过显著性检验后的结果。数据显示，研究区内有 98.29% 的区域虽然经历了 SCF 的变化过程，但这些变化并不显著。结合图 2.9 和表 2.3，可以观察到有 1.71% 的区域表现出显著的 SCF 增加趋势，这些区域主要分布在研究区的西北部阿尔泰山脉、东部的大兴安岭、呼伦贝尔高原和锡林郭勒草原的部分地区。此外，在西北部的杭爱山脉、萨彦岭以及北部的肯特山脉也存在一些表现出 SCF 显著增加趋势的小斑块或斑点分布。虽然 37.40% 的区域显示出 SCF 的增加趋势，但增加趋势并不显著，这些区域集中在研究区的西北部、东部、中部和南部的部分地

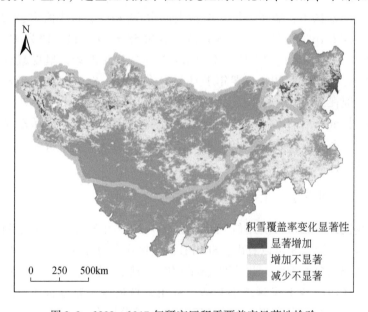

图 2.9　2000～2017 年研究区积雪覆盖率显著性检验

区。与此同时，超过一半的区域 SCF 虽然呈现减少趋势，但同样不显著，这些地区主要位于研究区的北部、西南部、南部，以及中部和东部的部分区域。综上所述，研究区内 SCF 的变化大多不显著，但少数区域仍显示出显著的增加或减少趋势，这些区域在空间上呈现出一定的分布特征。

表 2.3　2000～2017 年研究区积雪覆盖率变化趋势分类表　　　　（单位:%）

变化趋势	检验标准（双尾，$\alpha=0.05$）	面积比例
显著增加	SLOPE>0，$t>t_\alpha$	1.71
增加不显著	SLOPE>0，$t\leq t_\alpha$	37.40
减少不显著	SLOPE<0，$t\leq t_\alpha$	60.89

2.2.2　积雪日数

2.2.2.1　积雪日数时空分布特征

在 IDL 软件中对 2000～2017 年研究区每日 SCF 数据进行计算，得到每年 SCD，再计算多年 SCD 的平均值，得到 2000～2017 年研究区积雪季节平均 SCD 空间分布（图 2.10）。从图 2.10 可以看出，SCD 与 SCF 的空间分布有着相类似的特征，即研究区北部积雪季节平均 SCD（80～170 天）明显比南部（<45 天）长，西北部山地高海拔地区积雪季节平均 SCD 可达 190 天以上。

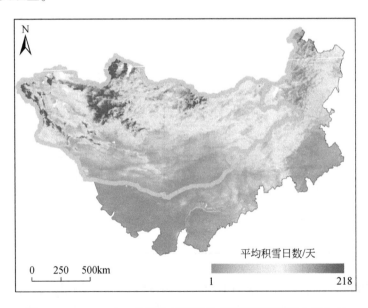

图 2.10　2000～2017 年研究区积雪季节平均积雪日数空间分布

大体上，研究区北部 SCD 自西向东逐渐减小，西北部阿尔泰山脉、杭爱山脉、萨彦岭和中部肯特山脉 SCD 通常在 120 天以上，是研究区 SCD 较长的地区，上述地区积雪覆盖面积大、积雪时间长。东部大兴安岭森林地区和呼伦贝尔高原 SCD 有明显地域差异，西侧的呼伦贝尔高原 SCD（92～143 天）远长于东侧的大兴安岭森林地区 SCD（57～106 天）。研究区东南部内蒙古赤峰市和通辽市 SCD 不到 20 天，但其西侧锡林郭勒草原 SCD 在 76～106 天。研究区西南部和中部的部分地区 SCD 不足 18 天。

为更直观地描述不同 SCD 地区面积占研究区总面积的比例情况，以每 30 天为一个范围，对 SCD 进行划分，得到 8 个范围，分别是无积雪覆盖（0 天）、1～30 天、31～60 天、61～90 天、91～120 天、121～150 天、151～180 天、180 天以上（表 2.4）。

表 2.4 2000～2017 年研究区不同积雪日数地区面积占研究区总面积的比例

（单位：%）

年份	积雪日数							
	无积雪覆盖（0 天）	1～30 天	31～60 天	61～90 天	91～120 天	121～150 天	151～180 天	180 天以上
2000	14.89	27.96	9.73	10.90	17.85	12.67	4.61	1.39
2001	17.33	27.55	10.31	17.84	17.87	5.97	2.42	0.771
2002	2.53	22.50	18.68	18.03	11.85	14.51	9.31	2.59
2003	10.89	32.50	11.60	10.38	16.08	13.79	3.84	0.92
2004	5.59	26.89	18.31	16.63	17.68	9.65	3.60	1.65
2005	6.94	45.92	16.74	12.91	8.28	5.46	2.70	1.05
2006	5.58	30.56	19.76	17.17	13.40	9.23	3.00	1.30
2007	4.40	44.21	21.40	13.15	8.72	4.27	2.47	1.38
2008	12.73	41.52	12.69	10.52	10.08	7.80	3.84	0.82
2009	3.01	32.34	16.65	12.77	13.66	12.53	7.42	1.62
2010	9.19	28.33	13.35	12.60	17.63	13.49	3.91	1.50
2011	11.24	27.56	11.22	11.90	16.25	17.25	3.23	1.35
2012	7.87	21.58	10.49	10.73	19.18	21.98	6.24	1.93
2013	18.69	35.02	11.86	10.48	10.71	8.42	2.94	1.88
2014	20.32	40.23	11.34	8.50	9.03	7.55	1.94	1.09
2015	6.30	22.83	12.01	19.89	28.68	6.40	2.70	1.19
2016	11.87	31.47	10.36	8.13	10.76	16.97	8.03	2.41
2017	13.03	39.37	11.73	9.95	12.08	10.25	2.04	1.55
多年平均	0	37.36	19.05	18.28	17.21	5.36	2.27	0.47

整体上，2000～2017 年研究区 SCD 在 1～30 天的地区范围最广，所有年份地区面积占比均在 20% 以上；最大值出现在 2005 年，为 45.92%；最小值出现在 2012 年，为 21.58%。SCD 在 1～30 天的地区面积占比在 40% 以上的年份有 4 年，分别是 2005 年（45.92%）、2007 年（44.21%）、2008 年（41.52%）、2014 年（40.23%），其中 2014 年

有60%以上地区SCD不足31天，为历年最高，与2014年SCF最低相对应。除无积雪覆盖地区和SCD在1~30天的地区外，研究区SCD在61~90天的地区面积占比最大，SCD在180天以上的地区面积占比不足0.5%。

研究区有91.9%的地区多年平均SCD集中在1~120天，其中无积雪覆盖地区面积占比多年平均值为0，说明虽然某年某地可能未出现积雪，但在连续多年中至少有一年该地区出现过积雪，研究区没有永久无积雪区；平均SCD在180天以上的地区面积占比不足0.5%，表明研究区基本没有长日数积雪。

2.2.2.2 稳定积雪、不稳定积雪时空分布特征

将研究区积雪按积雪日数长短分为无积雪区域、稳定积雪区域和不稳定积雪区域，以描述研究区积雪稳定情况。表2.5是2000~2017年研究区无积雪区域、稳定积雪区域、不稳定积雪区域面积占研究区总面积的比例，可以看出，大多数年份不稳定积雪区域与稳定积雪区域面积占比相近，但在个别年份中，二者面积相差过大，如2005年和2007年，这两年稳定积雪区域面积占比不稳定积雪区域面积占比小30个百分点以上；又如2012年，稳定积雪区域面积占比要比不稳定积雪区域面积占比大27.99个百分点。

表2.5 2000~2017年研究区无积雪区域、稳定积雪区域、不稳定积雪区域面积占研究区总面积的比例

年份	无积雪区域面积占比/%	不稳定积雪区域面积占比/%	稳定积雪区域面积占比/%	稳定积雪面积与不稳定积雪面积占比之率/%
2000	14.89	37.69	47.42	9.73
2001	17.33	37.85	44.82	6.97
2002	2.53	41.18	56.29	15.11
2003	10.89	44.11	45.00	0.89
2004	5.59	45.20	49.21	4.01
2005	6.94	62.66	30.40	−32.26
2006	5.58	50.32	44.11	−6.21
2007	4.40	65.61	30.00	−35.61
2008	12.73	54.20	33.07	−21.13
2009	3.01	48.99	48.00	−0.99
2010	9.19	41.69	49.12	7.43
2011	11.24	38.78	49.98	11.20
2012	7.87	32.07	60.06	27.99
2013	18.69	46.88	34.43	−12.45
2014	20.32	51.58	28.10	−23.48
2015	6.30	34.84	58.86	24.02
2016	11.87	41.83	46.30	4.47
2017	13.03	51.10	35.87	−15.23

稳定积雪区域面积占比与不稳定积雪区域面积占比差值在–10 个百分点以下的 6 个年份（2005 年、2007 年、2008 年、2013 年、2014 年、2017 年）与年平均 SCF 在 40% 以下的年份（除 2001 年外）相符；稳定积雪区域面积占比与不稳定积雪区域面积占比差值在 15 个百分点以上的 3 个年份（2002 年、2012 年、2015 年）与年平均 SCF 在 50% 以上的年份完全相符。

图 2.11 是 2000～2017 年无积雪区域、稳定积雪区域、不稳定积雪区域空间分布图。从空间上来看，稳定积雪区域主要分布在研究区西北部、北部、东部地区；不稳定积雪区域则随着年份变化分布在不同的地区，研究区中部不稳定积雪区域的年份多于稳定积雪区域的年份，研究区南部大部分地区在 SCF 大的年份为不稳定积雪区域，而在 SCF 小的年份为无积雪覆盖区域。

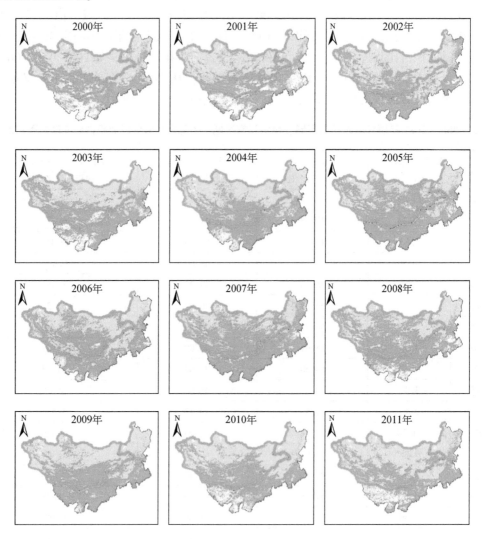

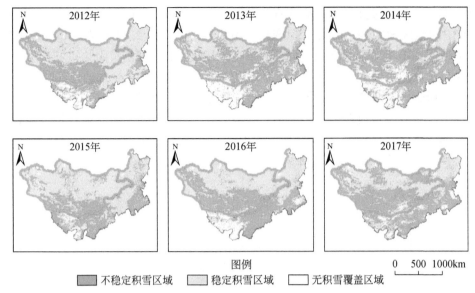

图例

■ 不稳定积雪区域　　■ 稳定积雪区域　　□ 无积雪覆盖区域

图 2.11　2000～2017 年无积雪区域、稳定积雪区域、不稳定积雪区域空间分布

2.2.2.3　积雪日数变化趋势

利用一元线性回归分析方法计算 2000～2017 年研究区 SCD 空间变化趋势，结果如图 2.12 所示。SCD 空间变化趋势分布与 SCF 大体相同。SLOPE 高值区主要分布在东部大兴安岭东侧、呼伦贝尔草原和锡林郭勒草原地区，零星分布在西北部阿尔泰山脉、杭爱山脉南侧、中部戈壁地区，上述地区 SCF 呈现增加趋势。SLOPE 低值区主要分布在西部阿尔泰山脉南侧、中部肯特山脉的东侧和南侧、东部呼伦贝尔高原西侧及南部河套平原，上述地区 SCF 呈现减小趋势。

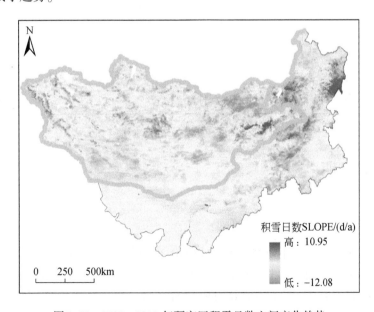

积雪日数SLOPE/(d/a)
高：10.95

低：-12.08

图 2.12　2000～2017 年研究区积雪日数空间变化趋势

　　SCD 变化趋势经过显著性检验后的结果如图 2.13 和表 2.6 所示。2000~2017 年研究区 98.47% 的地区 SCD 发生变化,但变化并不显著。结合图 2.13 和表 2.6 可以看出,有 1.53% 的地区 SCD 呈现明显增加趋势,分布在研究区西北部阿尔泰山脉和东部大兴安岭东侧、呼伦贝尔高原、锡林郭勒草原的小部分地区,其他 SCF 显著增加的地区则以小斑块或斑点分布在研究区西北部杭爱山脉、萨彦岭,北部肯特山脉及南部河套平原;有 38.54% 的地区 SCD 虽然呈现增加趋势,但增加趋势不明显,集中分布在研究区西北部、东部及中部和南部部分地区,其余 59.93% 的地区 SCD 减少趋势不明显。

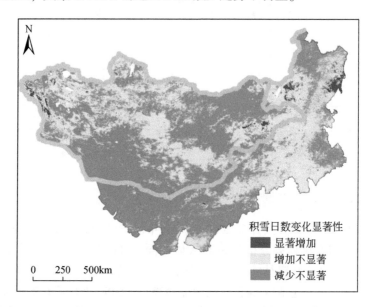

图 2.13　2000~2017 年研究区积雪日数显著性检验

表 2.6　2000~2017 年研究区积雪日数变化趋势分类表　　　　　（单位:%）

变化趋势	检验标准（双尾,$\alpha=0.05$）	面积比例
显著增加	SLOPE>0, $t>t_\alpha$	1.53
增加不显著	SLOPE>0, $t \leqslant t_\alpha$	38.54
减少不显著	SLOPE<0, $t \leqslant t_\alpha$	59.93

2.2.3　初雪日期

2.2.3.1　初雪日期时空分布特征

　　图 2.14 是 2000~2017 年研究区平均 SCOD 空间分布。从图 2.14 可以看出,2000~2017 年研究区 SCOD 从西南向北提前,最早出现在 9 月,分布在西北部阿尔泰山脉、萨彦岭;最晚出现在翌年 1 月,分布在西南部阿拉善高原;其余地区 SCOD 集中在 11~12 月。

虽然有 0.05% 的地区 SCOD 出现在翌年 2 月，但占比太小，故认为 SCOD 最晚出现在翌年 1 月。

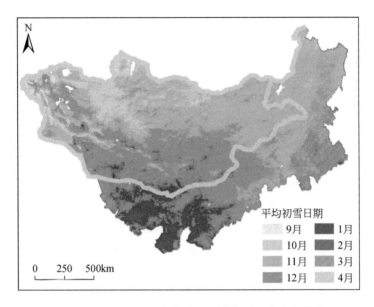

图 2.14 2000～2017 年研究区平均初雪日期空间分布

研究区 SCOD 在 10 月的地区集中在研究区西北部杭爱山脉和中部肯特山脉。SCOD 在 11 月的地区主要分布在研究区东部的呼伦贝尔高原、锡林郭勒草原地区，东南部的乌兰察布高原。SCOD 在 12 月的地区主要分布在研究区中部、西南部的戈壁地区以及东南部内蒙古赤峰市和通辽市。SCOD 在翌年 1 月的地区集中在研究区南部河套平原和西南部阿拉善高原的沙漠地区。

为直观地描述研究区多年平均 SCOD 分布情况，将平均 SCOD 按月份分为 8 类，并对各类地区面积所占研究区总面积的比例进行统计，发现研究区总计有 9.57% 的地区在 9 月、10 月首次出现积雪。SCOD 在 11 月的地区面积比例为 43.51%，11 月是比例最高的月份，SCOD 在 12 月的地区面积比例为 39.48%，12 月是地区面积比例次高的月份，研究区有 82.99% 的地区在这两个月首次出现积雪，此时研究区仅有 7.44% 的地区尚未出现积雪；翌年 1 月有 7.34% 的地区首次出现积雪，至此研究区基本都出现积雪，仅有 0.1% 的地区尚未出现积雪。

表 2.7 2000～2017 年研究区不同平均初雪日期地区面积占研究区总面积的比例

（单位:%）

平均初雪日期	比例
9 月	0.78
10 月	8.79
11 月	43.51
12 月	39.48

平均初雪日期	比例
翌年 1 月	7.34
翌年 2 月	0.08
翌年 3 月	0.02
翌年 4 月	0

对逐年不同 SCOD 地区面积占研究区总面积的比例进行统计（图 2.15），发现大多数年份 9 月首次出现积雪的地区面积占比不足 3%，只有 2004 年、2011 年、2015 年有 5% 以上的地区首次积雪出现在 9 月。结合图 2.16 来看，这些地区分布在研究区西北部阿尔泰山脉、杭爱山脉、萨彦岭和中部肯特山脉的高海拔地区。SCOD 在 11 月之前的地区分布在研究区北部大部分地区，以及东部、中部部分地区，2000 ~ 2017 年中有 10 年 SCOD 出现在 11 月之前，并且地区面积占比在 50% 以上，特别是 2015 年，除研究区西南部地区外，74.07% 的地区 SCOD 都出现在 11 月之前；其他 8 年 SCOD 在 11 月之前的地区面积占比不到 45%，特别是 2004 年，地区面积占比仅有 15.48%。SCOD 在 12 月的地区面积占比大多在 10% ~ 35%，分布在研究区东部、中部和南部部分地区。2005 年、2007 年、2017 年有 15% 以上的地区 SCOD 出现在翌年 1 月，分布在研究区中部、西南部和东部赤峰市、通辽市等地区，其他年份 SCOD 出现在翌年 1 月的地区面积占比在 2% ~ 14%。

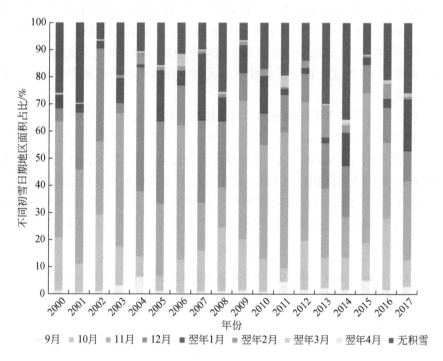

图 2.15　2000 ~ 2017 年研究区逐年不同初雪日期地区面积占研究区总面积的比例

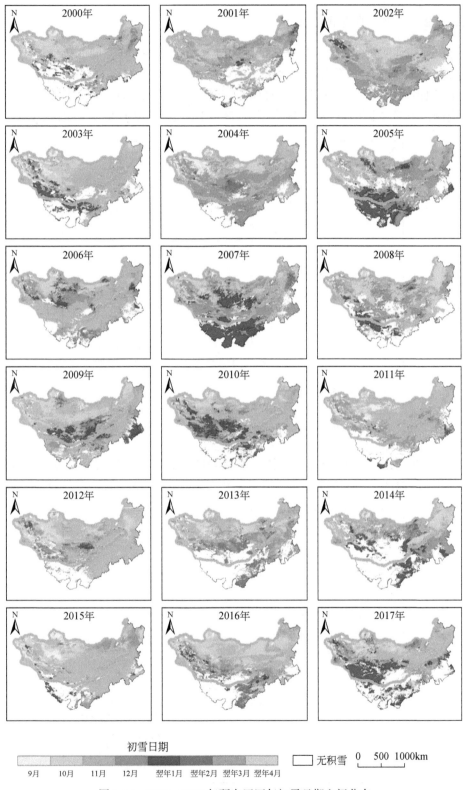

图 2.16　2000～2017 年研究区逐年初雪日期空间分布

2.2.3.2 初雪日期变化趋势

利用一元线性回归分析方法计算 2000~2017 年研究区 SCOD 空间变化趋势，结果如图 2.17 所示。从图 2.17 可以看出，SLOPE 高值区主要分布在西北部、北部、东部及中部部分地区，上述地区 SCOD 呈现推迟趋势。SLOPE 低值区主要分布在西北部阿尔泰山脉南侧、杭爱山脉南侧，中部的零星地区及南部呼包鄂地区，上述地区 SCOD 呈现提前趋势。

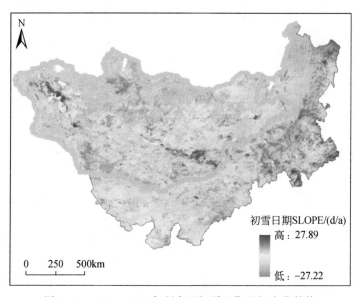

图 2.17　2000~2017 年研究区初雪日期空间变化趋势

图 2.18 和表 2.8 是 SCOD 变化趋势经过显著性检验后得到的结果。2000~2017 年研究区 99.44% 的地区 SCOD 发生变化，但变化并不显著。68.15% 的地区 SCOD 呈现提前趋

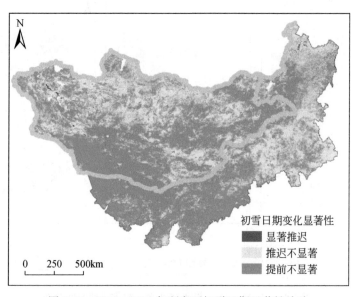

图 2.18　2000~2017 年研究区初雪日期显著性检验

势，但提前的趋势不显著，主要分布在西部、南部、中部的大部分地区；有31.29%的地区 SCOD 呈现推迟趋势，但推迟的趋势不显著，集中在北部、东部、中部的部分地区。研究区 2000~2017 年只有 0.56% 的地区 SCOD 呈现显著的推迟趋势，在西北部阿尔泰山脉和东部大兴安岭北侧以点状分布。

表 2.8　2000~2017 年研究区初雪日期变化趋势分类表　　　　　　（单位：%）

变化趋势	检验标准（双尾，$\alpha=0.05$）	面积比例
显著推迟	SLOPE>0，$t>t_\alpha$	0.56
推迟不显著	SLOPE>0，$t\leq t_\alpha$	31.29
提前不显著	SLOPE<0，$t\leq t_\alpha$	68.15

2.2.4　终雪日期

2.2.4.1　终雪日期时空分布特征

图 2.19 是 2000~2017 年研究区平均 SCED 空间分布。从图 2.19 可以看出，2000~2017 年研究区 SCED 从西南向北逐渐推迟，SCED 最早出现在翌年 1 月，零星分布在研究区西南部阿拉善高原，面积占比仅 2.41%；SCED 最晚出现在翌年 4 月，主要分布在研究区西北部阿尔泰山脉、杭爱山脉、萨彦岭，北部肯特山脉及东部大兴安岭和呼伦贝尔高原部分地区。SCED 出现在翌年 2 月的地区主要分布在中部、南部戈壁地区及南部乌兰察布高原；SCED 出现在翌年 3 月的地区主要分布在研究区北部、东部锡林郭勒草原和东南部的内蒙古赤峰市和通辽市；SCED 出现在翌年 4 月的地区主要分布在研究区西北部阿尔泰

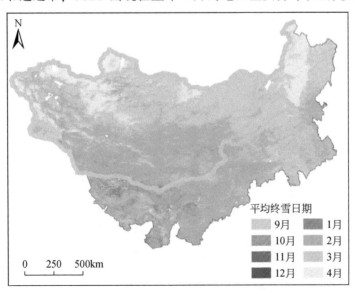

图 2.19　2000~2017 年研究区平均终雪日期空间分布

山脉、杭爱山脉、萨彦岭，北部肯特山脉及东部大兴安岭和呼伦贝尔高原。

将平均SCED按月份分为4类，并对不同平均SCED地区面积占研究区总面积的比例进行统计，发现研究区仅有2.4%的地区积雪最后出现在翌年1月。平均SCED出现在翌年2月的比例为42.07%，翌年2月是平均SCED地区面积占比次高的月份；平均SCED出现在翌年3月的比例为44.26%，翌年3月是平均SCED地区面积占比最高的月份，这表明研究区85%以上的地区积雪最后出现在这两个月，此后SCF开始减小。有11.27%的地区最后积雪出现在翌年4月（表2.9）。

表2.9　2000～2017年研究区不同平均终雪日数地区面积占研究区总面积的比例　（单位:%）

平均终雪日期	比例
翌年1月	2.4
翌年2月	42.07
翌年3月	44.26
翌年4月	11.27

对每年不同SCED地区面积占研究区总面积的比例进行统计（图2.20），发现所有年份中SCED出现在翌年1月之前的地区不到10%，集中在研究区中部和南部的部分地区。结合图2.21可以看出，研究区东南部赤峰市和通辽市有10年SCED出现在翌年1月之前。SCED出现在翌年1月的地区面积占比不到15%，只有在2005年、2009年、2017年超过15%，主要分布在研究区中部戈壁地区。除去无积雪区域，SCED出现在翌年3月的地区面积占比在30%以上，多分布在研究区北部地区。SCED出现在翌年4月的地区只有西北部阿尔泰山脉、杭爱山脉、萨彦岭，东部大兴安岭和呼伦贝尔高原等地，上述地区面积占比多在5%～25%。

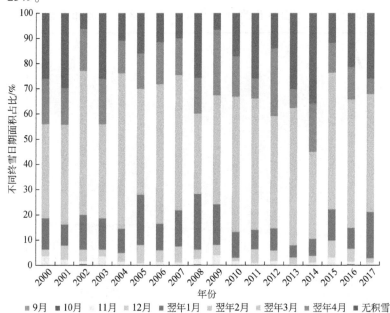

图2.20　2000～2017年研究区逐年不同终雪日期地区面积占研究区总面积的比例

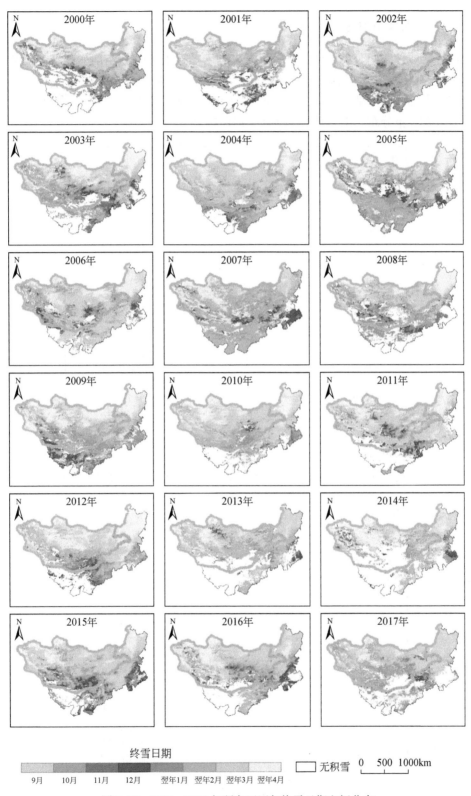

终雪日期

9月　10月　11月　12月　翌年1月 翌年2月 翌年3月 翌年4月　　　□ 无积雪　　0　500 1000km

图 2.21　2000～2017 年研究区逐年终雪日期空间分布

2.2.4.2 终雪日期变化趋势

利用一元线性回归分析方法计算 2000～2017 年研究区 SCED 空间变化趋势，结果如图 2.22 所示。从图 2.22 可以看出，SLOPE 高值地区主要分布在研究区东南部内蒙古赤峰市和通辽市及中部和南部部分地区，上述地区 SCED 呈推迟趋势。SLOPE 低值地区在研究区呈斑块或斑点零星分布，上述地区 SCED 呈提前趋势。

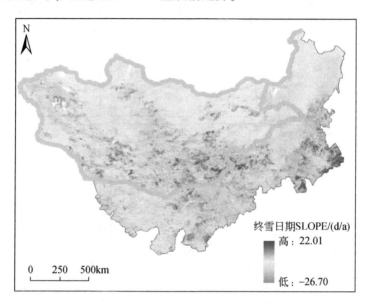

图 2.22　2000～2017 年研究区终雪日期空间变化趋势

图 2.23 和表 2.10 是 SCED 变化趋势经过显著性检验后得到的结果。2000～2017 年研

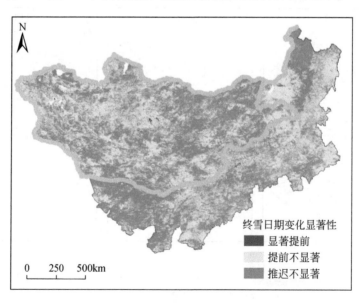

图 2.23　2000～2017 年研究区终雪日期显著性检验

究区 99. 38% 的地区 SCED 发生变化，但变化并不显著。结合图 2. 23 和表 2. 10 可以看出，有 58. 98% 的地区 SCED 呈现推迟趋势，但推迟的趋势不显著，无规律地分布在研究区范围内；有 40. 40% 的地区 SCED 呈现提前趋势，但提前的趋势不显著，集中在东部呼伦贝尔高原和大兴安岭地区。只有 0. 62% 的地区 SCED 呈现显著提前的趋势，在西北部阿尔泰山脉和东部呼伦贝尔高原以点状分布。

表 2. 10 2000～2017 年研究区终雪日期变化趋势分类表 （单位:%）

变化趋势	检验标准（双尾，$\alpha=0.05$）	面积比例
显著提前	SLOPE>0, $t>t_\alpha$	0. 62
提前不显著	SLOPE>0, $t\leq t_\alpha$	40. 40
推迟不显著	SLOPE<0, $t\leq t_\alpha$	58. 98

2. 2. 5 积雪反照率

2. 2. 5. 1 积雪反照率时空分布特征

（1）空间变化

图 2. 24 是 2000～2017 年研究区平均 SA 空间分布。整体来看，SA 有从北部向西南部和东南部减小的分布特点。研究区北部 SA 大于 70% 的地区分布在除大兴安岭森林区域和肯特山以外的地区，西南部和东南部 SA 在 50% ～65%。结合研究区多年平均 SCF 可以看出，SA 与 SCF 空间分布一致，SCF 越大的地区 SA 越大。SA 高值区集中在研究区西北部阿尔泰山脉、杭爱山脉、萨彦岭，东部呼伦贝尔高原和锡林郭勒草原，东南部乌兰察布高

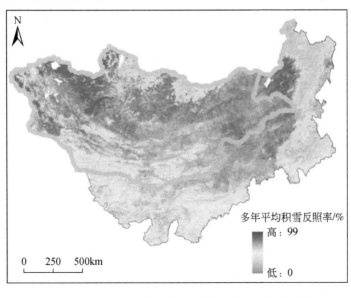

图 2. 24 2000～2017 年研究区平均积雪反照率空间分布

原，这些地区都是 SCF 高值地区。与之相反的是，北部肯特山脉和东部大兴安岭 SCF 较高，但是 SA 却很低，不到30%，可能是因为这两个地区地表有森林覆盖。研究区南部河套平原和呼包鄂经济圈是人口密集地区，该地区 SA 低于周边地区可能与人类活动有关。

（2）年内变化

图 2.25 是 2000 ~ 2017 年研究区月平均 SA 空间分布图。如图 2.25 所示，9 月只有研究区西北部阿尔泰山脉、杭爱山脉、萨彦岭，北部肯特山脉东侧地区是明显的 SA 高值区，SA 普遍大于 50%。

10 月积雪范围扩大，SA 范围随之扩大，除西南部阿拉善高原沙漠、戈壁地区、南部阴山山脉、中部小部分戈壁地区、东部兴安盟外的地区 SA 都在 50% 以上。

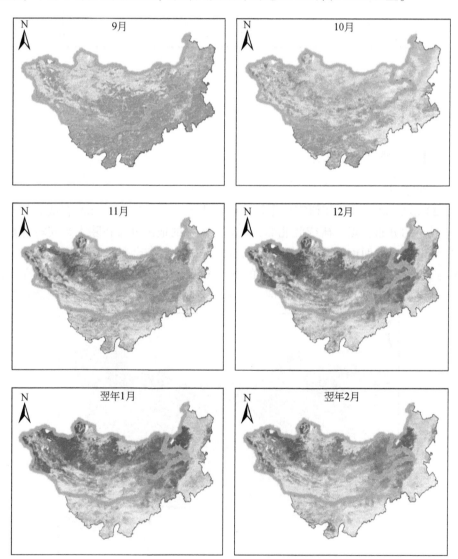

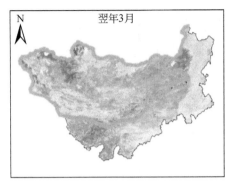 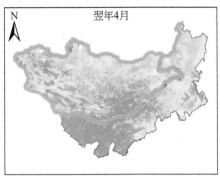

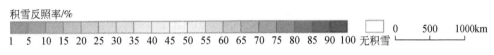

图 2.25 2000～2017 年研究区月平均积雪反照率空间分布

11 月～翌年 2 月，研究区除东部大兴安岭和西南部阿拉善高原部分沙漠、戈壁地区外，SA 均大于 50%，部分地区，如西北部山脉山顶区域、东部呼伦贝尔高原，SA 可达 85% 以上，这些地区是 SA 最大的地区；此外，东部大兴安岭在 11 月～翌年 2 月 SA 始终保持在 18%～38%，与其他地区形成鲜明对比，可能与该地区森林覆盖有关，森林冠层影响遥感积雪识别，卫星无法完全探测到地表积雪。

3 月积雪开始消融，西南部阿拉善高原 SCF 虽然不高，但仍有积雪覆盖，加之该地区无遮挡物阻碍卫星探测，使得 SA 在该地区有很明显的高值区。3～4 月积雪开始消融，SA 由西南部、南部东北部、北部递减。

（3）年际空间变化

利用 2000～2017 年研究区每日 SAL 数据，计算每年积雪季节 SA 平均值。从年际变化来看，SA 与 SCF 的空间分布一致，均有明显的北大南小的特征。综合 2000～2017 年研究区逐年 SA 空间分布（图 2.26）可以看出，研究区有 3 个明显的 SA 固定高值区，分别是西北部杭爱山脉、东部呼伦贝尔高原、东南部锡林郭勒草原，这 3 个地区无论 SCF 怎样变化，每年 SA 始终在 85% 以上；有 3 个明显的 SA 固定低值区，分别是西北部萨彦岭西南部地区、北部肯特山脉、东部大兴安岭森林地区，这 3 个地区无论 SCF 怎样变化，每年 SA 无明显变化；除上述地区外的其他地区，每年 SA 随着 SCF 变化而变化，呈现 SCF 高的地区 SA 高、SCF 低的地区 SA 低的特点。

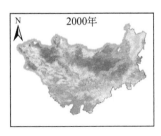 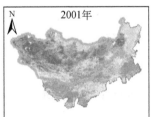 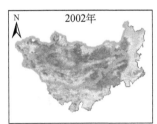

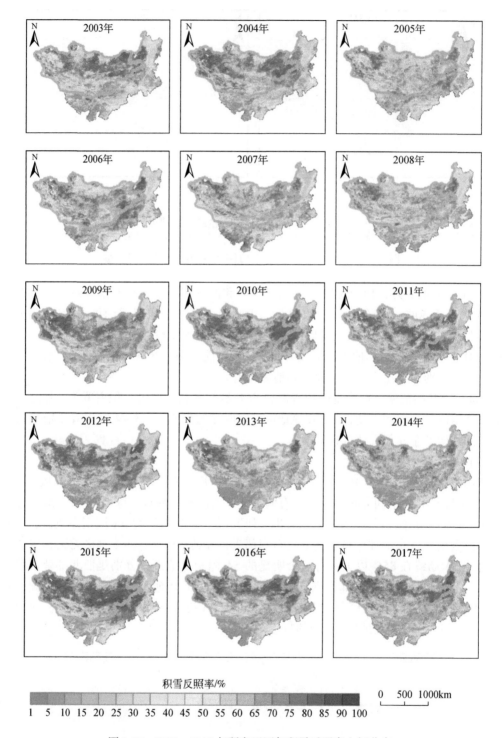

积雪反照率/%

1 5 10 15 20 25 30 35 40 45 50 55 60 65 70 75 80 85 90 100

0 500 1000km

图 2.26 2000～2017 年研究区逐年积雪反照率空间分布

2.2.5.2 积雪反照率变化趋势

利用一元线性回归分析方法计算 2000～2017 年研究区 SA 空间变化趋势，结果如图 2.27 所示。从图 2.27 可以看出，研究区 SA 大体上呈现减少趋势。SLOPE 高值区主要分布在东南部内蒙古赤峰市和通辽市，以及中部戈壁地区和南部河套平原，此外，西北部阿尔泰山脉、杭爱山脉南侧及北部肯特山脉也有 SLOPE 高值区零星分布，上述地区 SA 呈增加趋势。SLOPE 低值区主要分布在西南部地区，SA 呈减小趋势。

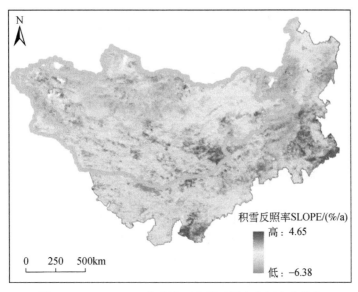

图 2.27　2000～2017 年研究区积雪反照率空间变化趋势

图 2.28 和表 2.11 是 SA 变化趋势经过显著性检验后得到的结果。2000～2017 年研究

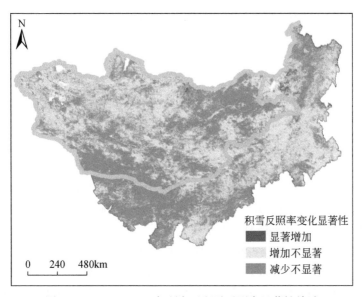

图 2.28　2000～2017 年研究区积雪反照率显著性检验

区 97.34% 的地区 SA 发生变化，但变化并不显著。有 2.66% 的地区 SA 呈现显著增加趋势，分布在研究区西北部阿尔泰山脉，北部肯特山脉，东部大兴安岭、呼伦贝尔高原、锡林郭勒草原部分地区，其他地区 SA 呈显著增加趋势的地区则以小斑块或斑点分布在研究区西北部杭爱山脉、萨彦岭及中部戈壁地区；有 42.81% 的地区 SA 呈增加趋势，但增加趋势不显著，集中分布在研究区西北部、东部及中部和南部的小部分地区；有 54.53% 的地区 SA 呈减少趋势，但减少趋势不显著，主要分布在研究区北部、西南部、南部以及东部的部分地区。

表 2.11　2000～2017 年研究区积雪反照率变化趋势分类表　　（单位：%）

变化趋势	检验标准（双尾，$\alpha = 0.05$）	面积比例
显著增加	SLOPE>0，$t > t_\alpha$	2.66
增加不显著	SLOPE>0，$t \leqslant t_\alpha$	42.81
减少不显著	SLOPE<0，$t \leqslant t_\alpha$	54.53

2.3　蒙古高原积雪时空变化的影响因素

气候变化是长时期大气状态变化的反映，分析区域气候变化对了解生态环境变化的原因及应对全球变化制定相应政策具有重要意义。其中，降水和气温是驱动蒙古高原积雪变化和分布的主要气候因素，积雪是二者综合的产物。因此，研究降水和气温的时空变化特征及其与积雪的关系，可以更好地了解蒙古高原积雪分布。本研究采用 2000～2017 年再分析气象产品数据分析积雪季节降水和气温的年际时空变化特征，利用 Pearson 相关性分析法探究各积雪参数与气候因素间的关系，以说明气候变化对积雪变化产生的影响。

2.3.1　降水时空变化及其与积雪的关系

2.3.1.1　降水时空变化特征

对 2000～2017 年蒙古高原积雪季节的年均降水量进行线性拟合，图 2.29 是 2000～2017 年蒙古高原年均降水量变化趋势。从图 2.29 可以看出，研究时段内蒙古高原积雪季节年均降水量为 27.36mm，最高值（33.92mm）出现在 2016 年，最低值（17.17mm）出现在 2005 年，二者相差 16.75mm。2000～2017 年蒙古高原年均降水量以 0.1719mm/a 的速率呈缓慢增加的趋势，围绕趋势线振荡波动，升降幅度较大。其中，多雨年份出现在 2002 年、2009 年、2012 年和 2016 年，少雨年份出现在 2005 年、2011 年、2014 年和 2017 年，产生这种差异的原因可能是温度的变化。

图 2.30 是 2000～2017 年蒙古高原年均降水量空间分布。从图 2.30 可以看出，蒙古高原年均降水量在 4.96～170.50mm，总体呈现出从北到南、从东北到西南递减的分布趋势，由半湿润、湿润气候区过渡到半干旱、干旱区。其中，西南部地区积雪季节累计降水量不

足 10mm，中部地区积雪季节累计降水量在 10～25mm，东部、南部、北部和西北部的小部分地区积雪季节累计降水量介于 25～50mm，西北部阿尔泰山脉北侧和北部肯特山脉北侧地区积雪季节累计降水量在 100mm 以上。从图 2.31 可以得知，2000～2017 年有 26.83% 的地区积雪季节累计降水量呈减少趋势，分布在蒙古高原西南部、东北部；有 73.17% 的地区积雪季节累计降水量呈增加趋势，其中西北部阿尔泰山脉北侧及南部鄂尔多斯高原南侧每个积雪季节累计降水量增速在 1mm 以上。

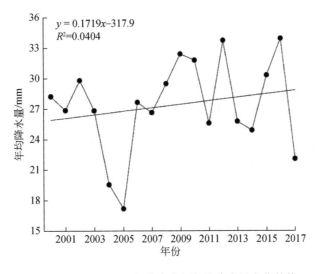

图 2.29　2000～2017 年蒙古高原年均降水量变化趋势

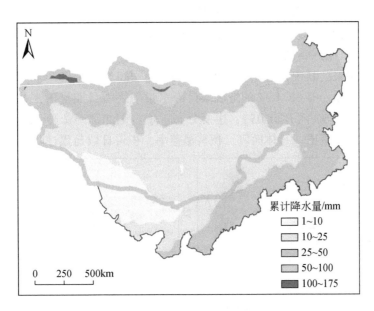

图 2.30　2000～2017 年蒙古高原年均降水量空间分布

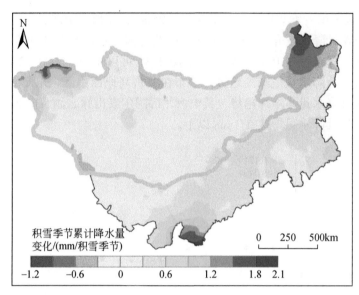

图 2.31　2000～2017 年蒙古高原积雪季节累计降水量空间变化

2.3.1.2　降水与积雪的关系

图 2.32 为 2000～2017 年，蒙古高原积雪季节积雪参数与降水相关性的空间分布。从图 2.32 可以看出，蒙古高原有 90.40% 的地区累计降水量与积雪覆盖率呈正相关。其中，呈显著正相关的地区占 27.85%（$P<0.05$），主要分布在萨彦岭、肯特山脉、杭爱山脉、戈壁阿尔泰山高海拔区、内蒙古北部及锡林郭勒草原等地区。有 86.22% 的地区累计降水量与积雪日数呈正相关。其中，呈显著正相关的地区占 21.71%（$P<0.05$），主要分布于萨彦岭、肯特山脉、戈壁阿尔泰山及锡林郭勒草原等地区。有 78.74% 的地区累计降水量与初雪日期呈负相关。其中，呈显著负相关的地区仅占 12.45%（$P<0.05$），主要分布于阴山东北部荒漠草原。有 82.15% 的地区累计降水量与终雪日期呈正相关。其中，呈显著正相关的地区占 14.96%（$P<0.05$），主要分布于蒙古国北部萨彦岭、肯特山脉针叶林区及研究区中东部典型草原。总体而言，积雪覆盖率、积雪日数与累计降水量表现为正相关

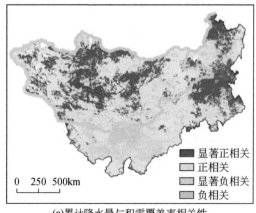

(a)累计降水量与积雪覆盖率相关性

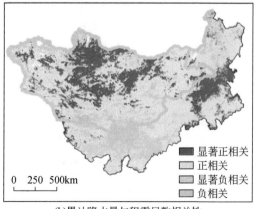

(b)累计降水量与积雪日数相关性

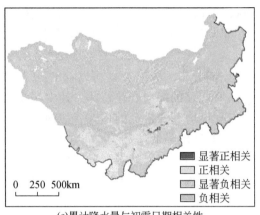
(c)累计降水量与初雪日期相关性

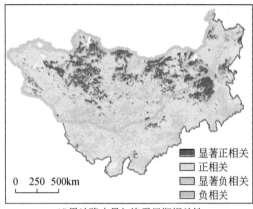
(d)累计降水量与终雪日期相关性

图 2.32　2000～2017 年蒙古高原积雪季节积雪参数与降水相关性的空间分布

关系（$P<0.1$），初雪日期与累计降水量表现为负相关关系（$P<0.1$），而终雪日期与累计降水量也表现为正相关关系（$P<0.1$）。结果表明随着降水量增大，积雪覆盖率增大、积雪日数延长、初雪日期提前、终雪日期可能推迟，反之随着降水量减少，积雪覆盖率减小、积雪日数缩短、初雪日期推迟、终雪日期可能提前。

2.3.2　气温时空变化及与积雪的关系

2.3.2.1　气温时空变化特征

近年来全球气候发生变化，为了解蒙古高原研究区积雪季节气候的变化特征，首先对全年积雪季节气温进行算数平均，分析 2000～2017 年其变化趋势。图 2.33 是 2000～2017 年蒙古高原年均气温变化趋势。蒙古高原 2000～2017 年年均积雪季节气温为 -10℃，以

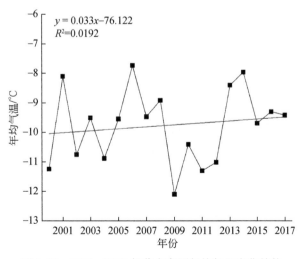

图 2.33　2000～2017 年蒙古高原年均气温变化趋势

0.33℃/10a（$R^2 = 0.0192$）的速率升高，其中 2006 年积雪季节年均气温为年均气温变化曲线的最大值，达到 -7.74℃，2009 年平均气温为年均气温变化曲线的最小值，为 -12.11℃。

图 2.34 是 2000~2017 年蒙古高原年均气温的空间分布。从图 2.34 可以看出，蒙古高原积雪季节年均气温从南向北逐渐降低，空间分布有明显的纬向变化特征，其中西北部、北部肯特山、东部年均气温低于 -16℃，是蒙古高原年均气温最低的地区。如图 2.35 所示，2000~2017 年，仅有 9.12% 的地区积雪季节气温呈现降低趋势，分布在东部及南部的小部分地区；有 90.88% 的地区积雪季节气温呈现不同程度的增加趋势，其中蒙古高原中部和西部戈壁、荒漠地区每个积雪季节气温增速在 0.05℃ 以上。蒙古高原大范围地区积雪季节气温呈现增加趋势，与全球变暖趋势相吻合。

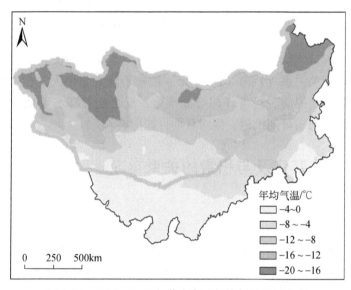

图 2.34　2000~2017 年蒙古高原年均气温空间分布

2.3.2.2　气温与积雪的关系

积雪是气温和降水的综合产物。一定的降水条件下，积雪的发育、保持依赖于气温，根据雪的物理特性，气温低于冰点，积雪才能保持，因此积雪参数与气温表现出较好的相关性。从空间分布来看，蒙古高原积雪分布广泛，受纬度、地形、海拔、气候及海陆热力差异的影响，积雪分布有明显的地域差异。从气温与积雪参数相关性的空间分布（图 2.36）可以看出，蒙古高原有 86.30% 的地区气温与积雪覆盖率呈负相关。其中，呈显著负相关的地区占 23.83%（$P<0.05$）主要分布在蒙古高原中部和东北部地区。有 86.64% [29.97% 呈显著负相关（$P<0.05$）] 的地区气温与积雪日数呈负相关；有 75.18% [12.44% 呈显著正相关（$P<0.05$）] 的地区气温与初雪日期呈正相关；有 76.22% [21.24% 呈显著负相关（$P<0.05$）] 的地区气温与终雪日期呈负相关。结果表明随着气温升高，积雪覆盖率减小、积雪日数缩短、初雪日期推迟、终雪日期可能提前，反之随着气温降低，积雪覆盖率增大、积雪日数延长、初雪日期提前、终雪日期可能推迟，蒙古高原

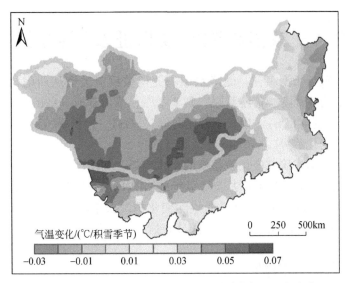

图 2.35　2000～2017 年蒙古高原积雪季节气温空间变化

气温越低的地区，积雪覆盖率越高、积雪日数越长、初雪日期越早、终雪日期越晚。

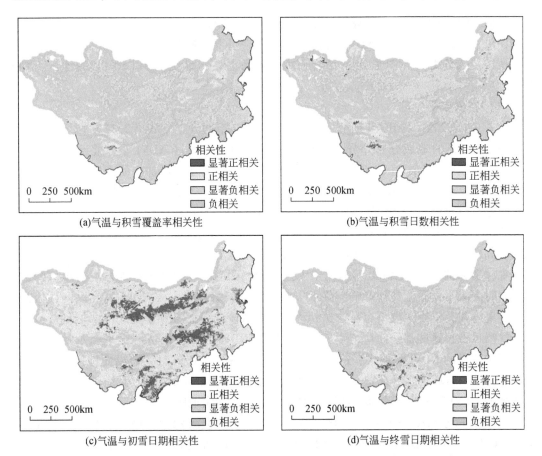

图 2.36　2000～2017 年蒙古高原积雪季节积雪参数与气温相关性的空间分布

2.4 蒙古高原物候特征及变化趋势

蒙古高原植被覆盖类型多样，受降水影响，植被覆盖类型从西南向东北呈环形分布（图1.2），依次为戈壁荒漠、荒漠草原、典型草原、草甸草原、高山草地。本章分析研究区NDVI、生长季长度（LOS）、生长季开始时间（SOS）、生长季结束时间（EOS）等物候参数时空特征及其变化趋势。

为了能够更好地描述研究区植被物候的变化趋势，利用预处理完成的MOD13A1 16天NDVI合成数据，通过最大值合成法求得每年的NDVI。通过MATLAB软件编程实现利用每年NDVI数据计算SOS、EOS、LOS的年际变化情况及空间分布。最后，通过IDL软件编程实现SOS、EOS、LOS的多年平均空间分布情况。

2.4.1 归一化植被指数

2.4.1.1 归一化植被指数时空分布特征

根据NDVI能够有效地计算植被覆盖、叶面积等植被参数，近些年随着高时间分辨率的MODIS NDVI产品发布，NDVI数据已被广泛应用于植被物候变化方面的研究。根据研究区植被覆盖分类图（图1.2），结合研究区实际情况，认为NDVI<0.08的地区无植被覆盖。

（1）空间变化

图2.37是2001～2017年研究区多年平均NDVI空间分布。从图2.37可以看出，研究区NDVI有明显的地域分布差异，整体上呈现出西南部地区NDVI小，北部、东部地区NDVI大的规律，其余地区NDVI由西南部向北部和东部逐渐增加。研究区西部和西南部地区NDVI普遍小于0.16，这些区域属于荒漠带和荒漠草原带，植被稀少。西北部萨彦岭、杭爱山脉，北部肯特山脉NDVI普遍大于0.2221，上述地区中萨彦岭和肯特山脉西部部分地区主要是森林覆盖地区，受北冰洋水汽影响，降水丰富，植被较茂盛，因此NDVI要明显高于研究区西部和西南部地区NDVI。东部地区NDVI分布以大兴安岭为界，大兴安岭森林覆盖地区的NDVI要明显大于大兴安岭以西内陆草原地区；森林覆盖地区海拔较低，同时受太平洋暖湿气流影响，降水丰富，植被长势良好，故NDVI高；以西地区海拔高，远离海洋，夏季水汽不容易输送到该地区形成降水，而且冬季受北部西伯利亚高压影响，气温偏低，这些都会使植被生长受限，因此NDVI偏低。南部河套平原及呼包鄂城市聚集区是明显的NDVI高值区，这一区域NDVI普遍大于0.2221，而以西地区NDVI不到0.1921，这一区域大多为戈壁、荒漠、沙漠，很少有植被生长。受人类活动影响，南部偏东地区的NDVI明显高于南部偏西区域戈壁、荒漠、沙漠地区。

对多年平均NDVI≥0.08的区域进行分类统计，分类级别为0.08≤NDVI<0.3、0.3≤NDVI<0.5、0.5≤NDVI<0.7、NDVI≥0.7，以确定研究区多年平均NDVI频度分布（图2.38）。从图2.38可以看出，除NDVI<0.08的地区外，NDVI频度分布面积占比呈逐

渐减少趋势，其中 40.89% 的地区 NDVI 分布在 0.08~0.3；NDVI 在 0.3~0.5 的地区次之，面积占比为 22.53%；NDVI 在 0.5~0.7 的地区面积占比为 18.81%，NDVI≥0.7 的地区面积占比最少，只有 17%。

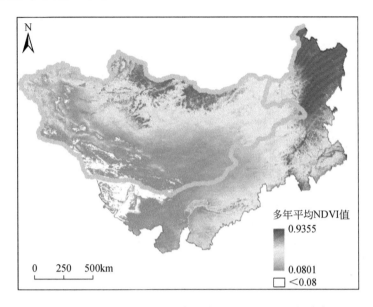

图 2.37 2001~2017 年研究区多年平均 NDVI 空间分布

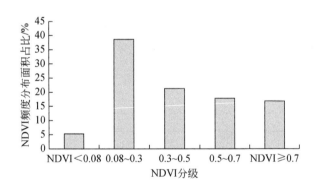

图 2.38 2001~2017 年研究区多年平均 NDVI 频度分布

（2）年际变化

图 2.39 是 2001~2017 年研究区逐年 NDVI 空间分布，总体来看，研究区逐年 NDVI 空间分布与多年平均 NDVI 空间分布的规律一致，西南部地区 NDVI 小，北部、东部地区 NDVI 大。整体上，研究区各地区年际 NDVI 变化不明显，但东部呼伦贝尔高原 NDVI 每年情况各不相同，其中 2001 年、2003 年、2004 年、2009 年、2010 年、2016 年这 6 年该地区 NDVI 明显低于其他年份，可能是当年降水减少所致。

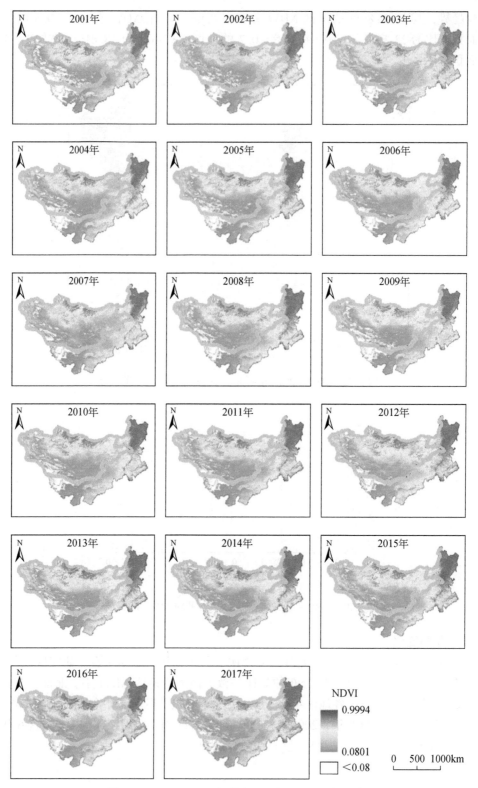

图 2. 39   2001 ~ 2017 年研究区逐年 NDVI 空间分布

2.4.1.2　归一化植被指数变化趋势

利用一元线性回归分析方法计算 2001～2017 年研究区 NDVI 空间变化趋势，结果如图 2.40 所示。整体来看，有 81.49% 的地区 NDVI 呈增加趋势，主要分布在研究区西北部、北部、东南部、南部。SLOPE 高值区呈斑块或斑点分布在研究区东部呼伦贝尔高原东侧、大兴安岭南侧、南部河套平原，这些地区植被发展趋势良好。有 18.51% 的地区 NDVI 呈下降趋势，但下降趋势不显著，主要分布在西北部、中部、东南部，SLOPE 低值区集中在东部呼伦贝尔高原西侧、锡林郭勒草原、乌兰察布高原，南部阴山山脉部分地区，这些地区植被有减少趋势。

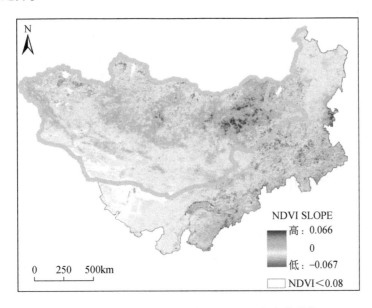

图 2.40　2001～2017 年研究区 NDVI 空间变化趋势

表 2.12 和图 2.41 是研究区植被 NDVI 变化趋势经过显著性检验后得到的结果。由此可知，研究区 60.05% 的地区植被 NDVI 呈现增加趋势，但增加趋势不显著，分布在研究区大部分地区。有 21.44% 的地区 NDVI 呈现显著增加趋势，集中在东部大兴安岭和西南部阿拉善高原，这一显著变化趋势可能与在内蒙古地区实施的"三北"防护林工程有关。有 18.51% 的地区 NDVI 呈下降趋势，但下降趋势不显著，主要分布在西北部阿尔泰山脉东侧、杭爱山脉北侧，东部锡林郭勒草原和乌兰察布高原，南部阴山山脉北侧。

表 2.12　2001～2017 年研究区 NDVI 变化趋势分类表　　　　（单位：%）

变化趋势	检验标准（双尾，$\alpha=0.05$）	面积比例
显著增加	SLOPE>0，$t>t_\alpha$	21.44
增加不显著	SLOPE>0，$t\leqslant t_\alpha$	60.05
下降不显著	SLOPE<0，$t\leqslant t_\alpha$	18.51

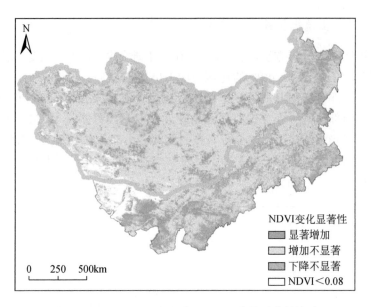

图 2.41　2001～2017 年研究区 NDVI 变化显著性检验

2.4.2　植被生长季开始时间

2.4.2.1　生长季开始时间时空分布特征

SOS 一般指植被越冬后，由黄色变为绿色，恢复生长的时间。对 SOS 进行时空分析有助于了解积雪、气候等因素对研究区植被生长状况的影响，了解 SOS 变化对安排农业、草业相关工作有指导作用。为揭示研究区 SOS 空间分布情况，结合实际情况，以每 10 天为间隔，将 SOS 分为 8 类，分别是 4 月之前、4 月上旬、4 月中旬、4 月下旬、5 月上旬、5 月中旬、5 月下旬、5 月之后。

（1）空间变化

图 2.42 是 2001～2017 年研究区多年平均 SOS 空间分布。从图 2.42 可以看出，研究区多年平均 SOS 集中出现在 4 月中旬至 5 月中旬，这与包刚等（2013）的结论基本一致。总体上，多年平均 SOS 空间分布有很明显的地域性，呈现由南部向北部推迟的分布特点，可能因为北部所处纬度高、地区海拔高，并且该地区易受西伯利亚高压影响，造成该地区气温偏低，所以多年平均 SOS 晚于南部。研究区西北部萨彦岭、杭爱山脉及东部大兴安岭以西内陆草原地区多年平均 SOS 较晚，主要发生在 5 月中旬和 5 月下旬。研究区中部，东部大兴安岭以东森林覆盖地区，南部除河套平原及黄河流域外的地区多年平均 SOS 集中在 4 月下旬和 5 月上旬，此时上述地区气温开始回暖，并有降水发生，有利于植被返青，植被进入生长季。研究区东部以大兴安岭为界，东西两侧多年平均 SOS 有明显差异，以东森林覆盖地区多年平均 SOS 出现在 4 月下旬和 5 月上旬，而以西内陆草原地区多年平均 SOS 出现在 5 月中旬和 5 月下旬，大兴安岭阻挡了太平洋丰富的水汽进入内陆，使得内陆草原

地区气温、降水条件达不到植被开始生长的要求，多年平均 SOS 推迟。蒙古高原南部河套平原、黄河流域受人类活动的影响，多年平均 SOS 要晚于自然植被 SOS，所以该地区的多年平均 SOS 集中在 5 月中旬和 5 月下旬。

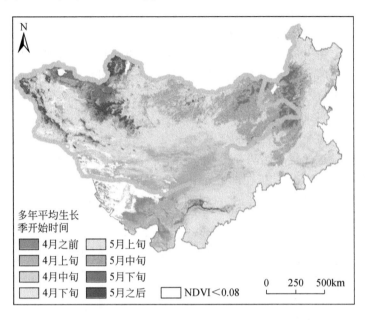

图 2.42　2001～2017 年研究区多年平均生长季开始时间空间分布

为更好地描述研究区多年平均 SOS 分布情况，对其进行分类统计（图 2.43），结果发现，研究区年内 SOS 呈单峰分布，SOS 出现在 5 月上旬的地区面积占比最多，SOS 出现在 4 月之前和 5 月之后的地区面积占比不到 2.5%。研究区大面积植被 SOS 始于 4 月上旬，此时有 9.51% 地区的植被进入生长季，随后每隔 10 天，进入生长季的地区面积比例以 5% 的速率增长，至 4 月下旬达到 20.56%；5 月上旬有 22.54% 的地区植被进入生长季；SOS 出现在 5 月中旬的地区面积占比相比 5 月上旬下降，为 21.62%；SOS 出现在 5 月下旬的地区面积占比大幅下降，仅为 7.30%，主要为北部高山草地，气温偏低使得该地区 SOS 出现时间较晚。

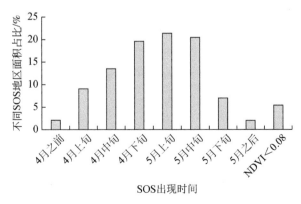

图 2.43　2001～2017 年研究区多年平均生长季开始时间地区面积占比

(2) 年际变化

对每年不同 SOS 地区面积占研究区总面积的比例进行统计（图 2.44），发现研究区 SOS 集中在 4 月中旬至 5 月中旬，有 50% 以上的地区植被在此时段进入生长季。2001~2017 年有 14 年 SOS 在 4 月之前的地区面积占比不足 5%，分布在研究区西南部（不包括 NDVI<0.08 的地区），而其余 3 年 SOS 在 4 月之前的地区面积占比超过 10%。SOS 出现在 4 月的地区面积占比在 30%~46%，主要分布在西北部萨彦岭东南侧及杭爱山脉东侧、北部肯特山脉西侧、东部大兴安岭地区，此时上述地区气温开始回暖，并有降水发生，对植被返青很有利。SOS 在 5 月的地区面积占比在 35%~55%，主要分布在东部呼伦贝尔高原、锡林郭勒草原，西北部阿尔泰山脉、萨彦岭、杭爱山脉及南部河套平原、黄河流域沿线人类活动地区，上述地区受西伯利亚高压影响，气温偏低，植被进入生长季时间较晚。SOS 在 5 月之后的地区面积占比基本在 10% 以下，只有 2003 年 SOS 在 5 月之后的地区面积占比达到 12.08%，主要分布在西北部山脉，这些地区海拔高，气温低于其他地区，SOS 出现时间最晚。2001~2017 年研究区逐年生长季开始时间空间分布如图 2.45 所示。

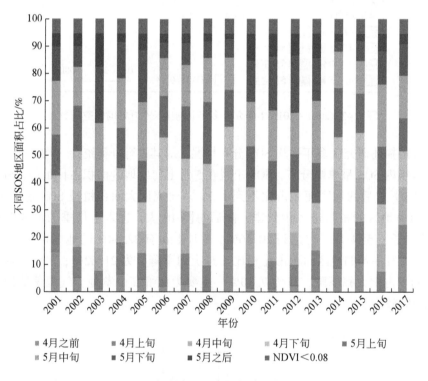

图 2.44 2001~2017 年研究区逐年生长季开始时间时间序列分布

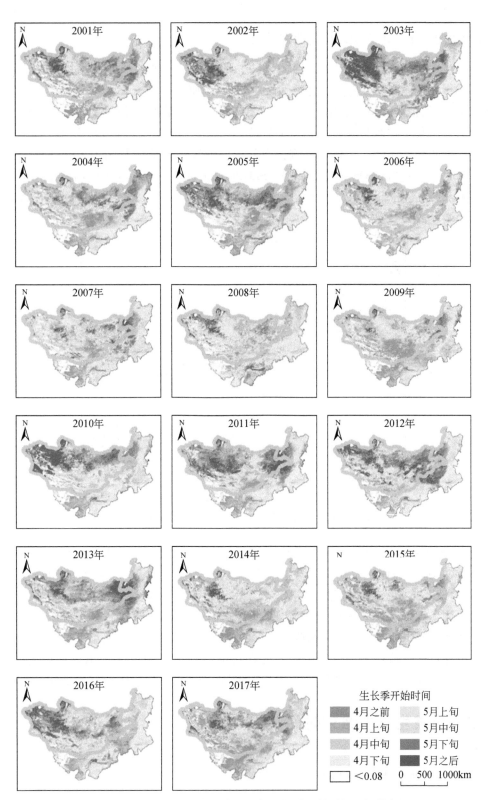

图 2.45　2001～2017 年研究区逐年生长季开始时间空间分布

2.4.2.2 生长季开始时间变化趋势

在全球变暖的背景下，春季气温回升快，植被进入生长季的时间表现出不同程度提前。利用一元线性回归分析方法计算 2001~2017 年研究区 SOS 空间变化趋势，结果如图 2.46 所示。从图 2.46 可以看出，有 59.07% 的地区 SOS 呈提前趋势，但提前趋势不显著，SLOPE 低值区集中在西北部阿尔泰山脉东侧及南侧大片地区，北部肯特山脉大片地区，东部大兴安岭北侧和呼伦贝尔高原东侧，南部黄河沿线流域地区及阴山山脉北侧大部分地区。有 40.93% 的地区 SOS 呈推迟趋势，SLOPE 高值区主要分布在杭爱山脉东南侧和肯特山脉南侧及研究区中部地区，零星分布在西北部阿尔泰山脉、北部肯特山脉、东部锡林郭勒草原和南部河套平原。

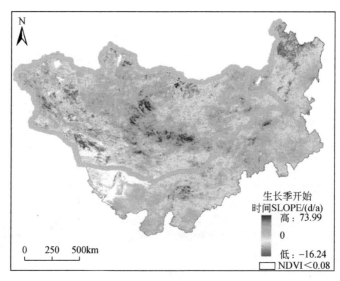

图 2.46 2001~2017 年研究区生长季开始时间空间变化趋势

图 2.47 和表 2.13 是 SOS 变化趋势经过显著性检验后得到的结果。2001~2017 年研究区 99.09% 的地区 SOS 发生变化，但变化并不显著。结合图 2.47 和表 2.13 可以看出，有 59.07% 的地区 SOS 呈提前趋势，但提前趋势不显著；有 40.02% 的地区 SOS 呈推迟趋势，但推迟趋势不显著，主要分布在杭爱山脉西南侧大部分地区，北部肯特山脉南侧大部分地区，东部呼伦贝尔高原、锡林郭勒草原，这些地区植被类型主要是典型草原，可能是春季降水偏少导致地表植被无法开始生长；仅有 0.91% 的地区 SOS 表现出显著推迟的趋势，呈斑块或斑点分布在研究区北部肯特山脉周围及南部河套平原，东部有零星分布。

2.4.3 植被生长季结束时间

2.4.3.1 生长季结束时间时空分布特征

EOS 一般指植被停止生长或死亡的时间。对 EOS 进行时空分析有助于了解研究区植被生长变化情况，对安排越冬工作，防范危险发生有很大帮助。为揭示研究区 EOS 空间分布情况，结合实际情况，以每 5 天为间隔，将 EOS 分为 10 类，分别是 9 月之前、9 月 1～5 日、9 月 6～10 日、9 月 11～15 日、9 月 16～20 日、9 月 21～25 日、9 月 26～30 日、10 月 1～5 日、10 月 6～10 日、10 月 10 之后。

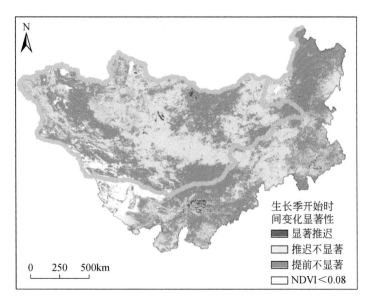

图 2.47　2001～2017 年研究区生长季开始时间变化显著性检验

表 2.13　2001～2017 年研究区生长季开始时间变化趋势分类表　　（单位:%）

变化趋势	检验标准（双尾, $\alpha = 0.05$）	面积比例
显著推迟	SLOPE>0, $t > t_\alpha$	0.91
推迟不显著	SLOPE>0, $t \leqslant t_\alpha$	40.02
提前不显著	SLOPE<0, $t \leqslant t_\alpha$	59.07

（1）空间变化

如图 2.48 所示，与 SOS 相比，研究区 EOS 的分布正好相反。SOS 早的地区，EOS 却很晚，SOS 晚的地区，EOS 却很早。研究区 EOS 集中在 9 月 16 日～10 月 10 日，与包刚等（2017）的结论一致。大体上研究区北部 EOS 早于南部，尤其是西北部山地地区，EOS 出现在 9 月之前。研究区西北部阿尔泰山脉、萨彦岭、杭爱山脉地区是 EOS 最早的地区，EOS 主要发生在 8 月 24 日～9 月 6 日。北部除肯特山外的其他地区 EOS 集中在 9 月 11～19 日；肯特山地区的 EOS 异常，EOS 发生在 10 月 10 日以后，可能与该地区植被、气候有关，需要做进一步的实地调查，以便研究分析异常原因。东部 EOS 有明显的分布差异，以大兴安岭为界，大兴安岭以东森林覆盖区域 EOS 主要出现在 10 月 1～10 日，而大兴安岭以西呼伦贝尔高原、锡林郭勒草原、乌兰察布高原 EOS 提前至 9 月 6～20 日，大兴安岭阻挡了太平洋暖湿水汽进入内陆，使得其东西两侧 EOS 有如此明显的差异。中部和西南部

EOS 出现在 10 月 1～10 日，是 EOS 较晚的地区。南部大部分地区 EOS 出现在 9 月 21 日～10 月 5 日，但该地区河套平原是农耕地区，EOS 区别于周围自然植被，受人类活动的影响，河套平原整体 EOS 特别早，明显早于周边其他区域，集中在 9 月 1～30 日，比其他地区早 5～20 天。

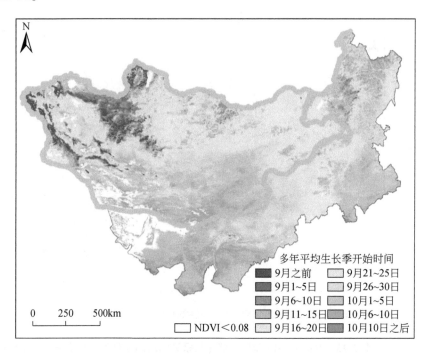

图 2.48　2001～2017 年研究区多年平均生长季结束时间空间分布

对研究区多年平均 EOS 进行分类统计（图 2.49），从图 2.49 可以看出，研究区 SOS 出现时间集中在 9 月 16 日～10 月 10 日。10 月之前出现不同 EOS 地区面积占比随时间逐渐变大，其中 9 月 16 日之前出现 EOS 地区面积占比缓慢增加，累计有 13.12% 的地区退出生长季；9 月 16 日开始出现 EOS 的地区面积占比迅速增加，5 天内有 15.68% 的地区植被退出生长季，随后出现 EOS 的地区以每 5 天面积占比增加 1% 的速率增长，至 9 月 30

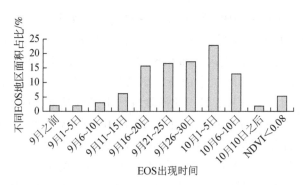

图 2.49　2001～2017 年研究区多年平均生长季结束时间地面面积占比

日，研究区已有 62.45% 的地区出现 EOS。10 月 1～5 日，退出生长季的地区面积占比达到最大，达到 22.84%，随后 5 天，有 12.95% 的地区退出生长季，至此，已有 98.24% 的地区出现 EOS，剩余 1.76% 的地区在 10 月 10 日之后出现 EOS，分布在研究区北部肯特山。

（2）年际变化

对每年不同 EOS 地区面积占研究区总面积的比例进行统计（图 2.50），发现研究区 SOS 集中在 9 月 16 日～10 月 10 日，25 天时间内有 54%～72% 的地区植被退出生长季。2001～2017 年，除 2002 年、2009 年 SOS 出现在 9 月之前的地区面积占比超过 10%，其他 15 年 SOS 出现在 9 月之前的地区面积占比均小于 10%，在 3.5%～8.8%。结合 EOS 年际空间分布情况（图 2.51）来看，2002 年和 2009 年红色区域（EOS 在 9 月之前）明显多于其他年份，主要分布在研究区西北部及东部呼伦贝尔高原，这些地区易受蒙古高压影响，气温偏低，使得 EOS 出现时间最早。大部分年份 EOS 在 9 月 1～15 日的地区面积占比在 12%～25%，分布在研究区北部和东部呼伦贝尔草原、锡林郭勒草原，但 2005 年、2007 年、2017 年 EOS 在 9 月 1～15 日的地区面积占比不到 10%，可能是这 3 年气温偏高使得本应在 9 月 1～15 日退出植被生长季的地区 EOS 推迟。除 2007 年 EOS 在 9 月 16～30 日的地区面积占比低于 28% 外，其他年份 EOS 在 9 月 16～30 日的地区面积占比在 28%～40%。EOS 在 10 月 1～10 日的地区面积占比多在 26%～40%，其中 2002 年、2012 年、2015 年 EOS 在 10 月 1～10 日的地区面积占比小于多年 EOS 在 10 月 1～10 日的地区面积占比。EOS 在 10 月 10 日之后的地区面积占比在 0.5%～9%，主要分布在研究区西南部（不包括 NDVI<0.08 的地区）、中部，东部大兴安岭和北部肯特山脉森林覆盖区；研究区

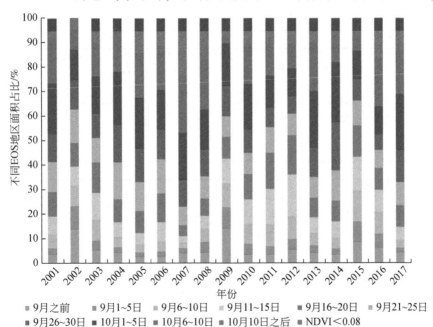

图 2.50　2001～2017 年研究区逐年生长季开始时间时间序列分布

西南部和中部深居内陆，周围有山脉分布，不易受南下冷空气影响，故 EOS 偏晚；研究区东部大兴安岭和北部肯特山森林覆盖地区植被多为森林，森林耐寒性优于其他地区植被，所以植被退出生长季的时间较晚。

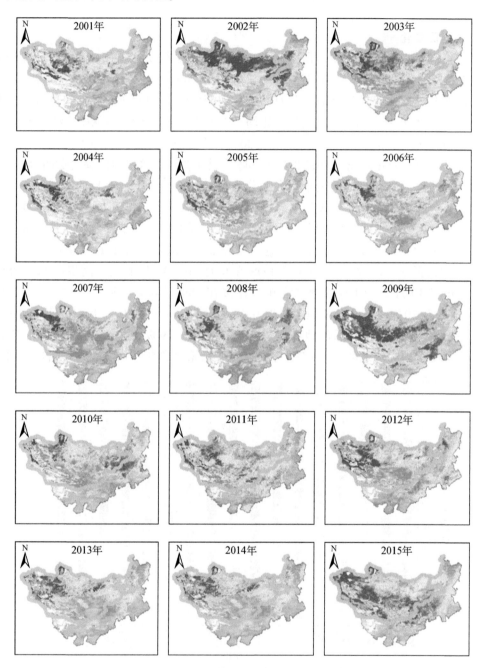

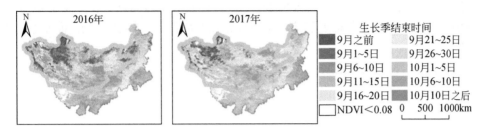

图 2.51　2001～2017 年研究区逐年生长季结束时间空间分布

2.4.3.2　生长季结束时间变化趋势

利用一元线性回归分析方法计算 2001～2017 年研究区 EOS 空间变化趋势，结果如图 2.52 所示。从图 2.52 可以看出，EOS 推迟的地区少于提前的地区，有 47.26% 的地区 EOS 推迟，有 52.74% 的地区 EOS 提前。SLOPE 高值区集中在西北部阿尔泰山脉南侧、杭爱山脉东侧，北部肯特山及肯特山东侧，东部大兴安岭北侧。SLOPE 低值区分布在西北部杭爱山脉西北侧，东部大兴安岭东侧、呼伦贝尔高原及锡林郭勒草原，南部阴山山脉北侧大部分地区。

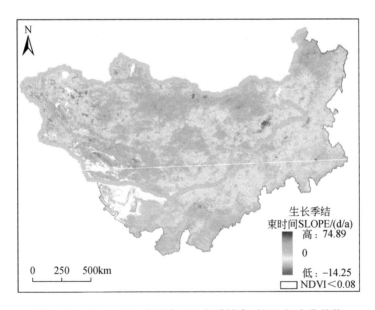

图 2.52　2001～2017 年研究区生长季结束时间空间变化趋势

图 2.53 和表 2.14 是 EOS 变化趋势经过显著性检验后得到的结果。2001～2017 年研究区 98.36% 的地区 EOS 发生变化，但变化并不显著。结合图 2.53 和表 2.14 可以看出，研究区 EOS 变化大体上呈现西部推迟、东部提前的特征，EOS 推迟的地区面积占比与提前的地区面积占比基本相同。有 52.74% 的地区 EOS 呈现提前趋势，但提前趋势不显著，主要分布在研究区西北部阿尔泰山脉两侧，东部大兴安岭东侧、呼伦贝尔高原、锡林郭勒草原，中部地区及南部阴山山脉北侧。有 45.62% 的地区 EOS 呈现推迟趋势，但推迟趋势不

显著，集中分布在研究区西南部、西北部萨彦岭南侧及北部肯特山东侧大部分地区。仅有1.64%的地区 EOS 呈现显著推迟趋势，集中分布在东部大兴安岭北侧及南部河套平原和鄂尔多斯市。

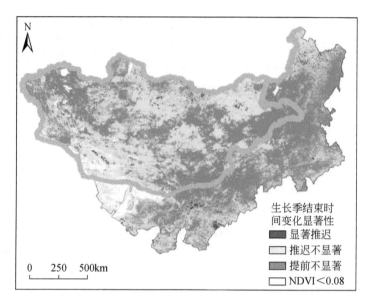

图 2.53　2001～2017 年研究区生长季结束时间变化显著性检验

表 2.14　2001～2017 年研究区生长季结束时间变化趋势分类表　　（单位:%）

变化趋势	检验标准（双尾，$\alpha=0.05$）	面积比例
显著推迟	SLOPE>0, $t>t_\alpha$	1.64
推迟不显著	SLOPE>0, $t\leq t_\alpha$	45.62
提前不显著	SLOPE<0, $t\leq t_\alpha$	52.74

2.4.4　植被生长季长度

2.4.4.1　生长季长度时空分布特征

LOS 表示一个自然年内植被生长的时间，分析 LOS 时空分布特征有助于了解研究区植被生长态势。

LOS 是从植被出现 SOS 到出现 EOS 所经历的时间，其长短与 SOS 和 EOS 有直接关系。利用研究区多年平均 SOS 和多年平均 EOS 数据，计算得到多年平均 LOS 分布情况（图2.54）。整体上，LOS 分布可以分为以下五部分：西北部阿尔泰山脉、杭爱山脉、萨彦岭，LOS 在 110 天以下；西北部阿尔泰山脉和杭爱山脉之间的地区、北部大部分地区、东部大兴安岭以西内陆草原地区，LOS 在 110～140 天；中部、西南部及东部大兴安岭地区，LOS

多在 160～209 天；南部河套平原，LOS 多在 98～124 天；东南部乌兰察布高原，LOS 多在 140～160 天。

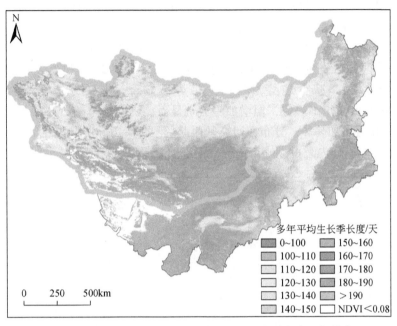

图 2.54   2001～2017 年研究区多年平均生长季长度空间分布

2.4.4.2   生长季长度变化趋势

利用一元线性回归分析方法计算 2001～2017 年研究区 LOS 空间变化趋势，结果如图 2.55 所示。从图 2.55 可以看出，2001～2017 年研究区 54.94% 的区域 LOS 呈增加趋势，

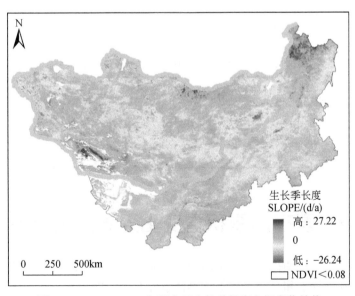

图 2.55   2001～2017 年研究区生长季长度空间变化趋势

蒙古高原积雪变化及其对草地植被物候影响机制研究

SOS 的提前和 EOS 的推迟导致植被 LOS 增加。SLOPE 高值区集中在西北部阿尔泰山脉南侧、北部肯特山脉、东部大兴安岭北侧。有45.06%的地区 LOS 呈减少趋势，分布在西北部杭爱山脉东南侧、中部戈壁地区，以及东部呼伦贝尔高原和锡林郭勒草原及大兴安岭东侧小部分区域。SLOPE 低值区集中在东部锡林郭勒草原和蒙古国东方省。

图 2.56 和表 2.15 是 LOS 变化趋势经过显著性检验后得到的结果。2001～2017 年研究区 93.08% 的地区 LOS 发生变化，但变化并不显著。结合图 2.56 和表 2.15 可以看出，有 45.06% 的地区 LOS 呈减少趋势，但减少趋势不显著，主要分布在研究区西部；有 48.02% 的地区 LOS 呈增加趋势，但增加趋势不显著，主要分布在研究区东部；有 6.92% 的地区 LOS 呈显著增加趋势，分布在研究区西北部阿尔泰山脉南侧，北部肯特山脉，东部大兴安岭北侧，东南部内蒙古赤峰市南侧，南部河套平原、黄河流域沿线人类活动地区。

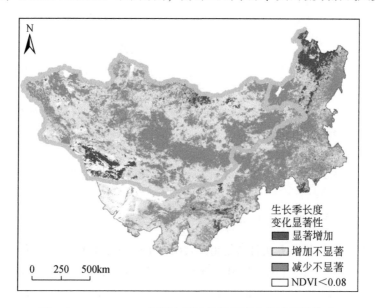

图 2.56　2001～2017 年研究区生长季长度变化显著性检验

表 2.15　2001～2017 年研究区生长季长度变化趋势分类表　　　（单位:%）

变化趋势	检验标准（双尾，$\alpha=0.05$）	面积比例
显著增加	SLOPE>0, $t>t_\alpha$	6.92
增加不显著	SLOPE>0, $t\leq t_\alpha$	48.02
减少不显著	SLOPE<0, $t\leq t_\alpha$	45.06

2.5　蒙古高原积雪变化对草地植被影响

气候变暖使得融雪日期提前。较早的融雪日期会导致春季融雪径流的时间和流量发生重大变化，增加春季洪水和夏季干旱等灾难性事件发生的可能性。在积雪季节，积雪能够保存地表热量，保护农作物（主要是冬小麦）不受冷空气影响。此外，积雪季节积雪与春季植被生长之间存在相互作用。积雪影响植被生长周期，春季积雪融化时间及融雪后气温变化使得植被生长受到影响；植被可以延缓融雪过程，植被地上部分可以有效地保护积雪，防止外界因素影响积雪，植被表面影响积雪能量交换。

蒙古高原主要有草甸草原、典型草原、荒漠草原、高山草原 4 种草地类型。在前人研究的基础上，本节利用蒙古高原积雪参数、物候参数，通过相关分析、灰色关联分析，研究蒙古高原积雪变化对草地植被的影响。

2.5.1 不同植被类型积雪参数与物候参数相关分析

针对蒙古高原的 4 种草地类型，本研究利用前面得到的研究区 2001～2017 年的积雪参数和不同草地类型的物候参数分别对其进行相关性分析，从而得到积雪参数与不同植被类型的物候参数的相关系数，通过相关系数的大小与正负对各草地类型积雪参数和物候参数的相关关系进行判断分析，得出积雪参数对 4 种草地类型的物候参数的影响。

2.5.1.1 草甸草原积雪参数与物候参数相关关系

总体来看，草甸草原 SOS 与积雪参数的相关系数（表 2.16）绝对值较小，介于 0～0.29；EOS 和 LOS 与积雪参数的相关系数绝对值较大，分别介于 0.28～0.69 和 0.25～0.63。草甸草原 SOS 与所有积雪参数均表现出正相关关系，表明随着积雪季节 SCOD、SCED 推迟，SCF 和 SCD 的增加会导致草甸草原 SOS 推迟。除 SCOD 外，草甸草原 EOS、LOS 与积雪参数表现出负相关关系，说明伴随积雪季节 SCED 推迟，SCF、SCD 增大会导致草甸草原 EOS 提前、LOS 缩短，而积雪季节 SCOD 推迟则会导致 EOS 推迟和 LOS 延长。

表 2.16　草甸草原积雪参数与物候参数的相关系数

物候参数	SCOD	SCED	SCF	SCD
SOS	0.008 **	0.117 **	0.288 **	0.099 **
EOS	0.500 **	−0.28 **	−0.687 **	−0.569 **
LOS	0.303 **	−0.258 **	−0.623 **	−0.420 **

＊＊　相关性在 0.01 水平下显著（双尾）。

2.5.1.2 典型草原积雪参数与物候参数相关关系

典型草原 SOS 与积雪参数的相关系数（表 2.17）绝对值较小，介于 0.15～0.29；而 EOS 和 LOS 与积雪参数的相关系数绝对值较大，分别介于 0.42～0.66 和 0.45～0.62。典型草原 SOS 与 SCED、SCF、SCD 之间表现为正相关关系，与 SCOD 表现为负相关关系，表明积雪季节 SCED 推迟、SCF 和 SCD 增加会使得典型草原 SOS 推迟，而积雪季节 SCOD 推迟会导致典型草原 SOS 提前，EOS、LOS 与积雪参数之间的相关性正好表现为与之相反的关系。

表 2.17　典型草原积雪参数与物候参数的相关系数

物候参数	SCOD	SCED	SCF	SCD
SOS	−0.152 **	0.257 **	0.240 **	0.283 **
EOS	0.549 **	−0.423 **	−0.619 **	−0.656 **
LOS	0.452 **	−0.456 **	−0.563 **	−0.618 **

＊＊　相关性在 0.01 水平下显著（双尾）。

2.5.1.3　荒漠草原积雪参数与物候参数相关关系

荒漠草原 SOS 与积雪参数的相关系数（表 2.18）绝对值较小，介于 0.14 ~ 0.24；EOS 和 LOS 与积雪参数的相关系数绝对值较大，分别介于 0.28 ~ 0.64 和 0.33 ~ 0.60。

与其他草地类型相比，荒漠草原 SOS 与 SCED、SCF、SCD 之间表现出正相关关系，与 SCOD 表现出负相关关系，而 LOS 与积雪参数之间的相关关系正好与之相反；EOS 与积雪参数之间的相关关系均表现出负相关关系。积雪季节 SCOD 推迟会使得荒漠草原 SOS、EOS 提前、LOS 延长；SCED 推迟、SCF 和 SCD 增大会使得荒漠草原 SOS 推迟、EOS 提前、LOS 缩短。

表 2.18　荒漠草原积雪参数与物候参数的相关系数

物候参数	SCOD	SCED	SCF	SCD
SOS	−0.141 **	0.190 **	0.200 **	0.235 **
EOS	−0.502 **	−0.285 **	−0.557 **	−0.635 **
LOS	0.429 **	−0.339 **	−0.514 **	−0.592 **

＊＊　相关性在 0.01 水平下显著（双尾）。

2.5.1.4　高山草原积雪参数与物候参数相关关系

积雪分布具有一定的垂直地带性分布特征。然而，蒙古高原地势西高东低，积雪的分布及积累易受到复杂地形的影响。各种草地类型的积雪参数与物候的相关关系也不尽相同。表 2.19 为高山草原积雪参数与物候参数的相关系数。高山草原 SOS 与积雪参数的相关系数（表 2.19）绝对值较大，介于 0.25 ~ 0.31。相较于其他草地类型，高山草原 EOS、LOS 与积雪参数的相关系数绝对值较小，分别介于 0.23 ~ 0.37 和 0.27 ~ 0.39。高山草原积雪参数与物候参数的相关关系和典型草原一致。

表 2.19　高山草原积雪参数与物候参数的相关系数

物候参数	SCOD	SCED	SCF	SCD
SOS	−0.253 **	0.287 **	0.285 **	0.309 **
EOS	0.331 **	−0.234 **	−0.365 **	−0.366 **
LOS	0.312 **	−0.277 **	−0.364 **	−0.383 **

＊＊　相关性在 0.01 水平下显著（双尾）。

2.5.2 积雪参数与不同物候参数的相关分析

为突出积雪变化对草地植被物候的影响,分别统计积雪参数与不同物候参数的相关系数。

2.5.2.1 生长季开始时间与不同草地植被积雪参数相关关系

SCED、SCF、SCD 与所有草地植被 SOS 呈正相关关系(表 2.20),表明积雪季节 SCED 推迟、SCF 和 SCD 增大会使研究区草地植被 SOS 推迟。其中,高山草原 SCED 与 SOS 的相关系数最大,为 0.287;草甸草原 SCED 与 SOS 的相关系数最小,为 0.117;草甸草原 SCF 与 SOS 的相关系数最大,为 0.288;荒漠草原 SCF 与 SOS 的相关系数最小,为 0.2;高山草原 SCD 与 SOS 的相关系数最大,为 0.309;草甸草原 SCD 与 SOS 的相关系数最小,为 0.099。SCOD 与草甸草原 SOS 呈正相关关系,与其他草地类型呈负相关关系,其中与草甸草原 SOS 的相关系数绝对值最小,为 0.008,与高山草原 SOS 的相关系数绝对值最大,为 0.253。

表 2.20　积雪参数与 SOS 的相关系数

项目	SCOD	SCED	SCF	SCD
草甸草原 SOS	0.008 **	0.117 **	0.288 **	0.099 **
典型草原 SOS	−0.152 **	0.257 **	0.24 **	0.283 **
荒漠草原 SOS	−0.141 **	0.19 **	0.2 **	0.235 **
高山草原 SOS	−0.253 **	0.287 **	0.285 **	0.309 **

＊＊　相关性在 0.01 水平下显著(双尾)。

2.5.2.2 生长季结束时间与不同草地植被积雪参数相关关系

与 SOS 相类似,SCED、SCF、SCD 与所有草地植被 EOS 呈负相关关系(表 2.21),表明积雪季节 SCED 推迟、SCF 和 SCD 增大会使研究区草地植被 EOS 提前。其中,典型草原 SCED 与 EOS 的相关系数绝对值最大,为 0.423;高山草地 SCED 与 EOS 的相关系数最小,为 0.234;草甸草原 SCF 与 EOS 的相关系数绝对值最大,为 0.687,高山草原 SCF 与 EOS 的相关系数绝对值最小,为 0.365;典型草原 SCD 与 EOS 的相关系数绝对值最大,为 0.656,高山草原 SCD 与 EOS 的相关系数绝对值最小,为 0.366。SCOD 与荒漠草原 EOS 呈负相关关系,与其他草地类型呈正相关关系,其中与高山草地 EOS 的相关系数绝对值最小,为 0.331,与典型草原 EOS 的相关系数绝对值最大,为 0.549。

表 2.21　积雪参数与 EOS 的相关系数

项目	SCOD	SCED	SCF	SCD
草甸草原 EOS	0.500 **	−0.28 **	−0.687 **	−0.569 **
典型草原 EOS	0.549 **	−0.423 **	−0.619 **	−0.656 **

项目	SCOD	SCED	SCF	SCD
荒漠草原 EOS	−0.502**	−0.285**	−0.557**	−0.635**
高山草原 EOS	0.331**	−0.234**	−0.365**	−0.366**

＊＊ 相关性在0.01水平下显著（双尾）。

2.5.2.3 生长季长度与不同草地植被积雪参数相关关系

与SOS相反、与EOS相同的是，SCED、SCF、SCD与所有草地植被LOS呈现负相关关系（表2.22），表明积雪季节SCED推迟、SCF和SCD增大会使研究区草地植被LOS缩短。其中，典型草原SCED与LOS的相关系数绝对值最大，为0.456；草甸草原SCED与LOS的相关系数绝对值最小，为0.258；草甸草原SCF与LOS的相关系数绝对值最大，为0.623，高山草原SCF与LOS的相关系数绝对值最小，为0.364；典型草原SCD与LOS的相关系数绝对值最大，为0.618，高山草原SCD与LOS的相关系数绝对值最小，为0.383。与SOS、EOS均不同，SCOD与所有草地类型LOS呈正相关关系，SCOD推迟会使LOS延长，其中与草甸草原LOS的相关系数最小，为0.303，与典型草原LOS的相关系数最大，为0.452。

表 2.22 积雪参数与 LOS 的相关系数

项目	SCOD	SCED	SCF	SCD
草甸草原 LOS	0.303**	−0.258**	−0.623**	−0.420**
典型草原 LOS	0.452**	−0.456**	−0.563**	−0.618**
荒漠草原 LOS	0.429**	−0.339**	−0.514**	−0.592**
高山草原 LOS	0.312**	−0.277**	−0.364**	−0.383**

＊＊ 相关性在0.01水平下显著（双尾）。

2.5.3 不同草地类型积雪与物候灰色关联度分析

2.5.3.1 草甸草原积雪与物候灰色关联度分析

积雪参数与草甸草原SOS的灰色关联度及顺序如表2.23所示。SCF与草甸草原SOS的灰色关联度最高，为0.8884，SCF对草甸草原SOS的影响大于其他3个积雪参数，SCED次之。SCOD与草甸草原SOS的灰色关联度最低，为0.8663，SCOD对草甸草原SOS的影响小于其他3个积雪参数。积雪参数与草甸草原SOS的灰色关联度顺序从大到小依次为SCF、SCED、SCD、SCOD。

表 2. 23   积雪参数与草甸草原 SOS 的灰色关联度及顺序

年份	SCOD	SCED	SCF	SCD
2001	0.8886	0.889	0.8995	0.8877
2002	0.8637	0.8849	0.8728	0.8724
2003	0.8563	0.8527	0.8773	0.8466
2004	0.8899	0.9132	0.9041	0.8986
2005	0.91	0.8934	0.8998	0.8865
2006	0.8631	0.8808	0.8882	0.8902
2007	0.8453	0.8693	0.8832	0.867
2008	0.8435	0.858	0.8637	0.8486
2009	0.8568	0.8753	0.882	0.8711
2010	0.8781	0.8838	0.8941	0.886
2011	0.8767	0.8852	0.8898	0.8784
2012	0.8446	0.8575	0.8989	0.8706
2013	0.8796	0.8892	0.8992	0.882
2014	0.8665	0.8756	0.8847	0.8704
2015	0.8622	0.8896	0.8971	0.8827
2016	0.8452	0.8837	0.8923	0.8792
2017	0.8566	0.8597	0.8763	0.8455
平均值	0.8663	0.8789	0.8884	0.8743
灰色关联度顺序	4	2	1	3

SCOD 与草甸草原 EOS 的灰色关联度最高（表 2.24），为 0.8998，SCOD 对草甸草原 EOS 的影响大于其他 3 个积雪参数，SCED 次之。SCF 与草甸草原 EOS 的灰色关联度最低，为 0.8465，SCF 对草甸草原 EOS 的影响小于其他 3 个积雪参数。积雪参数与草甸草原 EOS 的灰色关联度顺序从大到小依次为 SCOD、SCED、SCD、SCF。

表 2. 24   积雪参数与草甸草原 EOS 的灰色关联度及顺序

年份	SCOD	SCED	SCF	SCD
2001	0.9102	0.8927	0.8734	0.8863
2002	0.8949	0.852	0.8263	0.8277
2003	0.899	0.8851	0.8562	0.875
2004	0.9152	0.8902	0.8644	0.8748
2005	0.9084	0.8951	0.8781	0.8866
2006	0.8916	0.8673	0.8406	0.842
2007	0.8979	0.8557	0.8374	0.8451
2008	0.8926	0.8578	0.8229	0.8291

年份	SCOD	SCED	SCF	SCD
2009	0.9092	0.8767	0.8516	0.8604
2010	0.907	0.8893	0.8638	0.8756
2011	0.899	0.8674	0.8452	0.8555
2012	0.8895	0.869	0.8396	0.8588
2013	0.9015	0.8601	0.8336	0.8421
2014	0.8891	0.8607	0.833	0.8433
2015	0.8951	0.8752	0.8484	0.8625
2016	0.908	0.8715	0.8496	0.8578
2017	0.8887	0.8678	0.8271	0.8351
平均值	0.8998	0.8726	0.8465	0.8563
灰色关联度顺序	1	2	4	3

SCOD 与草甸草原 LOS 的灰色关联度最高（表 2.25），为 0.8954，SCOD 对草甸草原 LOS 的影响大于其他 3 个积雪参数，SCED 次之。SCF 与草甸草原 SOS 的灰色关联度最低，为 0.8175，SCD 对草甸草原 EOS 的影响小于其他 3 个积雪参数。积雪参数与草甸草原 LOS 的灰色关联度顺序从大到小依次为 SCOD、SCED、SCD、SCF。

表 2.25　积雪参数与草甸草原 LOS 的灰色关联度及顺序

年份	SCOD	SCED	SCF	SCD
2001	0.9054	0.8667	0.8405	0.8533
2002	0.9038	0.8241	0.7906	0.7923
2003	0.9241	0.8829	0.8656	0.8668
2004	0.8992	0.8616	0.8196	0.83
2005	0.8975	0.8505	0.8303	0.8343
2006	0.8851	0.8448	0.8101	0.8151
2007	0.882	0.8246	0.8013	0.8031
2008	0.8827	0.8002	0.7647	0.7675
2009	0.9047	0.8596	0.8289	0.8349
2010	0.8915	0.8649	0.8346	0.8493
2011	0.8975	0.8575	0.8204	0.8313
2012	0.9042	0.8765	0.8573	0.8714
2013	0.8853	0.8107	0.779	0.7882
2014	0.884	0.8323	0.8	0.8073
2015	0.8841	0.8753	0.8325	0.8478
2016	0.8988	0.8546	0.8255	0.8342

续表

年份	SCOD	SCED	SCF	SCD
2017	0.8914	0.833	0.7968	0.7983
平均值	0.8954	0.8482	0.8175	0.8250
灰色关联度顺序	1	2	4	3

综合来看，对于草甸草原，SCF 对植被 SOS 的影响最大，对植被 EOS、LOS 的影响最小；与之相反，SCOD 对植被 SOS 的影响最小，对植被 EOS、LOS 的影响最大；积雪参数与草甸草原 EOS 和 LOS 的灰色关联度顺序一致。

2.5.3.2 典型草原积雪与物候灰色关联度分析

表 2.26 为积雪参数与典型草原 SOS 的灰色关联度及顺序，可以看出，SCED 与典型草原 SOS 的灰色关联度最高，为 0.8877，4 个积雪参数中 SCED 对典型草原 SOS 的影响最大。SCOD 与典型草原 SOS 的灰色关联度最低，为 0.8549，4 个积雪参数中 SCOD 对典型草原 SOS 的影响最小。积雪参数与典型草原 SOS 的灰色关联度顺序从大到小依次为 SCED、SCD、SCF、SCOD。

表 2.26　积雪参数与典型草原 SOS 的灰色关联度及顺序

年份	SCOD	SCED	SCF	SCD
2001	0.8757	0.8834	0.8738	0.882
2002	0.8683	0.8955	0.8729	0.8726
2003	0.8706	0.8901	0.8865	0.8861
2004	0.8465	0.9017	0.8942	0.9012
2005	0.8824	0.8931	0.8821	0.8872
2006	0.8274	0.8776	0.8803	0.8874
2007	0.8409	0.8635	0.8661	0.8709
2008	0.8516	0.8946	0.8896	0.8914
2009	0.8157	0.8753	0.8716	0.8721
2010	0.8519	0.9014	0.8918	0.8926
2011	0.8721	0.8934	0.8819	0.8829
2012	0.8693	0.888	0.8905	0.8925
2013	0.8709	0.8834	0.8811	0.883
2014	0.8434	0.8838	0.8836	0.8928
2015	0.8414	0.8849	0.8676	0.871
2016	0.8892	0.9014	0.892	0.8883
2017	0.816	0.8791	0.874	0.8683
平均值	0.8549	0.8877	0.8812	0.8837
灰色关联度顺序	4	1	3	2

　　表2.27为积雪参数与典型草原EOS的灰色关联度及顺序，可以看出，SCOD与典型草原EOS的灰色关联度最高，为0.9090，4个积雪参数中SCOD对典型草原EOS的影响最大。SCD与典型草原EOS的灰色关联度最低，为0.8443，4个积雪参数中SCD对典型草原EOS的影响最小。积雪参数与典型草原EOS的灰色关联度顺序从大到小依次为SCOD、SCED、SCF、SCD。

表2.27　积雪参数与典型草原EOS的灰色关联度及顺序

年份	SCOD	SCED	SCF	SCD
2001	0.9122	0.8775	0.8696	0.8667
2002	0.9119	0.8697	0.8548	0.8483
2003	0.9136	0.8624	0.8585	0.8546
2004	0.9112	0.8491	0.8441	0.8373
2005	0.9149	0.8677	0.8679	0.8655
2006	0.9018	0.8461	0.8282	0.8238
2007	0.8954	0.8402	0.8318	0.8279
2008	0.9003	0.8382	0.8304	0.8264
2009	0.8998	0.8273	0.8209	0.8175
2010	0.9173	0.8558	0.8481	0.8414
2011	0.9128	0.8677	0.8625	0.8606
2012	0.9109	0.8681	0.8609	0.8601
2013	0.9248	0.8718	0.864	0.8618
2014	0.9034	0.8465	0.832	0.8291
2015	0.907	0.8717	0.8718	0.8763
2016	0.9118	0.8616	0.8496	0.8449
2017	0.9039	0.8201	0.8149	0.8107
平均值	0.9090	0.8554	0.8476	0.8443
灰色关联度顺序	1	2	3	4

　　表2.28为积雪参数与典型草原LOS的灰色关联度及顺序，可以看出，SCOD与典型草原LOS的灰色关联度最高，为0.9016，4个积雪参数中SCOD对典型草原LOS的影响最大。SCD与典型草原LOS的灰色关联度最低，为0.8163，4个积雪参数中SCD对典型草原LOS的影响最小。积雪参数与典型草原LOS的灰色关联度顺序从大到小依次为SCOD、SCED、SCF、SCD。

表2.28　积雪参数与典型草原LOS的灰色关联度及顺序

年份	SCOD	SCED	SCF	SCD
2001	0.915	0.8513	0.8383	0.8412
2002	0.9151	0.8445	0.8163	0.8075

续表

年份	SCOD	SCED	SCF	SCD
2003	0.901	0.8349	0.8282	0.8247
2004	0.9053	0.8432	0.8305	0.8279
2005	0.9091	0.8396	0.8267	0.8249
2006	0.8987	0.8397	0.8168	0.8122
2007	0.899	0.8211	0.8067	0.8042
2008	0.8804	0.8022	0.786	0.7834
2009	0.9045	0.8303	0.8146	0.8124
2010	0.9009	0.8324	0.8161	0.8087
2011	0.907	0.8498	0.833	0.8315
2012	0.9167	0.8459	0.8416	0.841
2013	0.9125	0.8314	0.8156	0.8141
2014	0.8957	0.8323	0.8139	0.8104
2015	0.8988	0.8842	0.8728	0.8782
2016	0.8843	0.8035	0.7839	0.7758
2017	0.8839	0.7994	0.7865	0.7791
平均值	0.9016	0.8345	0.8193	0.8163
灰色关联度顺序	1	2	3	4

综合来看，SCOD 对典型草原 SOS 的影响最小，对 EOS、LOS 的影响最大；积雪参数与典型草原 EOS 和 LOS 的灰色关联度顺序一致。

2.5.3.3　荒漠草原积雪与物候灰色关联度分析

SCD 与荒漠草原 SOS 的灰色关联度最高（表 2.29），为 0.8819，SCD 对荒漠草原 SOS 的影响最大。SCOD 与荒漠草原 SOS 的灰色关联度最低，为 0.8498，SCOD 对荒漠草原 SOS 的影响最小。积雪参数与荒漠草原 SOS 的灰色关联度顺序从大到小依次为 SCD、SCF、SCED、SCOD。

表 2.29　积雪参数与荒漠草原 SOS 的灰色关联度及顺序

年份	SCOD	SCED	SCF	SCD
2001	0.8176	0.8252	0.8268	0.8317
2002	0.8452	0.8772	0.8586	0.8572
2003	0.8697	0.8838	0.8874	0.8889
2004	0.8558	0.8738	0.8941	0.894
2005	0.8428	0.8744	0.8848	0.8931
2006	0.8788	0.8874	0.8835	0.885
2007	0.8739	0.8921	0.8895	0.8976

续表

年份	SCOD	SCED	SCF	SCD
2008	0.8608	0.883	0.8881	0.8907
2009	0.8438	0.8873	0.8873	0.8966
2010	0.8383	0.8851	0.8861	0.8981
2011	0.8493	0.8523	0.8548	0.8565
2012	0.8503	0.879	0.8716	0.8743
2013	0.8288	0.8773	0.8834	0.8824
2014	0.8273	0.8846	0.8895	0.9023
2015	0.8677	0.8639	0.8659	0.8627
2016	0.8499	0.8832	0.8932	0.9013
2017	0.8465	0.8723	0.8779	0.8805
平均值	0.8498	0.8754	0.8778	0.8819
灰色关联度顺序	4	3	2	1

SCOD 与荒漠草原 EOS 的灰色关联度最高（表 2.30），为 0.9047，4 个积雪参数中 SCOD 对荒漠草原 EOS 的影响最大。SCD 与荒漠草原 EOS 的灰色关联度最低，为 0.8509，4 个积雪参数中 SCD 对荒漠草原 EOS 的影响最小。积雪参数与荒漠草原 EOS 的灰色关联度顺序从大到小依次为 SCOD、SCED、SCF、SCD。

表 2.30　积雪参数与荒漠草原 EOS 的灰色关联度及顺序

年份	SCOD	SCED	SCF	SCD
2001	0.8909	0.8393	0.8354	0.8336
2002	0.8975	0.8495	0.8563	0.8573
2003	0.8918	0.8504	0.8453	0.847
2004	0.9134	0.8729	0.8565	0.8583
2005	0.9026	0.8688	0.8585	0.8596
2006	0.909	0.8862	0.8744	0.8668
2007	0.9123	0.886	0.8825	0.883
2008	0.9205	0.8628	0.856	0.8573
2009	0.9009	0.8538	0.8431	0.8429
2010	0.892	0.8509	0.8427	0.8418
2011	0.89	0.8509	0.8356	0.8341
2012	0.9	0.8543	0.8461	0.8393
2013	0.9047	0.8404	0.8118	0.8168
2014	0.9159	0.8561	0.8515	0.8529
2015	0.9214	0.8636	0.8585	0.8532

续表

年份	SCOD	SCED	SCF	SCD
2016	0.9105	0.8649	0.8564	0.861
2017	0.9072	0.8646	0.858	0.8601
平均值	0.9047	0.8597	0.8511	0.8509
灰色关联度顺序	1	2	3	4

SCOD 与荒漠草原 LOS 的灰色关联度最高（表 2.31），为 0.9022，4 个积雪参数中 SCOD 对荒漠草原 LOS 的影响最大。SCD 与荒漠草原 LOS 的灰色关联度最低，为 0.8392，4 个积雪参数中 SCD 对荒漠草原 LOS 的影响最小。积雪参数与荒漠草原 LOS 的灰色关联度顺序从大到小依次为 SCOD、SCED、SCF、SCD。

表 2.31　积雪参数与荒漠草原 LOS 的灰色关联度及顺序

年份	SCOD	SCED	SCF	SCD
2001	0.882	0.7937	0.7925	0.7903
2002	0.9075	0.8563	0.8433	0.8436
2003	0.8906	0.8585	0.8409	0.8402
2004	0.9063	0.8768	0.8611	0.8606
2005	0.9151	0.8816	0.8608	0.8672
2006	0.9013	0.8808	0.8538	0.8421
2007	0.9117	0.896	0.889	0.8934
2008	0.9218	0.8534	0.8483	0.8477
2009	0.8809	0.8297	0.8133	0.8131
2010	0.8965	0.8724	0.8585	0.8626
2011	0.8945	0.8281	0.8041	0.8014
2012	0.8975	0.8304	0.8077	0.7979
2013	0.9136	0.836	0.8064	0.8081
2014	0.9147	0.8763	0.8652	0.8713
2015	0.8994	0.8257	0.8204	0.8136
2016	0.897	0.8594	0.8521	0.8576
2017	0.9074	0.8612	0.8529	0.8562
平均值	0.9022	0.8539	0.8394	0.8392
灰色关联度顺序	1	2	3	4

综合来看，积雪参数和荒漠草原 SOS 的灰色关联度顺序与积雪参数和荒漠草原 EOS、LOS 的灰色关联度顺序相反，其中 SCD 对荒漠草原 SOS 的影响最大，对 EOS、LOS 的影响最小；SCOD 对荒漠草原 SOS 的影响最小，对 EOS、LOS 的影响最大。

2.5.3.4 高山草原积雪与物候灰色关联度分析

SCED 与高山草原 SOS 的灰色关联度最高（表 2.32），为 0.8622，SCED 对高山草原 SOS 的影响大于其他 3 个积雪参数。SCOD 与高山草原 SOS 的灰色关联度最低，为 0.7711，SCOD 对高山草原 SOS 的影响小于其他 3 个积雪参数。积雪参数与典型草原 SOS 的灰色关联度顺序从大到小依次为 SCED、SCF、SCD、SCOD。

表 2.32 积雪参数与高山草原 SOS 的灰色关联度及顺序

年份	SCOD	SCED	SCF	SCD
2001	0.7293	0.8511	0.8308	0.8374
2002	0.7713	0.8637	0.8524	0.8484
2003	0.8606	0.8919	0.8859	0.8799
2004	0.7491	0.8701	0.8596	0.8618
2005	0.7839	0.8609	0.8507	0.8491
2006	0.7186	0.8338	0.8542	0.8588
2007	0.7764	0.845	0.8463	0.8593
2008	0.7534	0.8524	0.8522	0.8503
2009	0.7901	0.8624	0.8699	0.8618
2010	0.7559	0.8748	0.8622	0.8606
2011	0.8224	0.8731	0.8623	0.8607
2012	0.8225	0.8735	0.8716	0.8695
2013	0.7619	0.8549	0.8577	0.8542
2014	0.762	0.8563	0.8547	0.8529
2015	0.7474	0.8612	0.846	0.8471
2016	0.7893	0.8771	0.852	0.8454
2017	0.7154	0.8545	0.8439	0.842
平均值	0.7711	0.8622	0.8560	0.8552
灰色关联度顺序	4	1	2	3

SCOD 与高山草原 EOS 的灰色关联度最高（表 2.33），为 0.8702，SCOD 对高山草原 EOS 的影响大于其他 3 个积雪参数。SCD 与高山草原 EOS 的灰色关联度最低，为 0.7603，SCD 对高山草原 EOS 的影响小于其他 3 个积雪参数。积雪参数与高山草原 EOS 的灰色关联度顺序从大到小依次为 SCOD、SCED、SCF、SCD。

表 2.33 积雪参数与高山草原 EOS 的灰色关联度及顺序

年份	SCOD	SCED	SCF	SCD
2001	0.8622	0.7603	0.7753	0.7682
2002	0.8739	0.7832	0.7802	0.7685

续表

年份	SCOD	SCED	SCF	SCD
2003	0.8721	0.7886	0.7843	0.7808
2004	0.8631	0.7631	0.7591	0.7569
2005	0.8587	0.7679	0.7654	0.759
2006	0.8641	0.7492	0.7373	0.7337
2007	0.8495	0.763	0.7471	0.7299
2008	0.8606	0.7469	0.7372	0.7341
2009	0.8693	0.7638	0.7682	0.7615
2010	0.8749	0.7772	0.7715	0.7666
2011	0.8817	0.8232	0.8094	0.8084
2012	0.863	0.7796	0.7691	0.761
2013	0.89	0.7858	0.7821	0.7763
2014	0.8818	0.7998	0.7696	0.7649
2015	0.8664	0.7517	0.7523	0.7436
2016	0.8822	0.7944	0.7695	0.7634
2017	0.8797	0.7446	0.7516	0.7481
平均值	0.8702	0.7731	0.7664	0.7603
灰色关联度顺序	1	2	3	4

　　SCOD 与高山草原 LOS 的灰色关联度最高（表 2.34），为 0.8671，SCOD 对高山草原 LOS 的影响大于其他 3 个积雪参数。SCD 与高山草原 LOS 的灰色关联度最低，为 0.7608，SCD 对高山草原 LOS 的影响小于其他 3 个积雪参数。积雪参数与高山草原 LOS 的灰色关联度顺序从大到小依次为 SCOD、SCED、SCF、SCD。

表 2.34　积雪参数与高山草原 LOS 的灰色关联度及顺序

年份	SCOD	SCED	SCF	SCD
2001	0.8615	0.7902	0.789	0.785
2002	0.8674	0.7741	0.7714	0.7564
2003	0.8776	0.7876	0.7834	0.7786
2004	0.8821	0.8042	0.7947	0.7944
2005	0.8516	0.7633	0.7534	0.7502
2006	0.8489	0.7527	0.7359	0.7336
2007	0.8671	0.7737	0.7557	0.7438
2008	0.85	0.728	0.7173	0.7142
2009	0.8603	0.7867	0.7882	0.7845
2010	0.8652	0.7732	0.7651	0.76

年份	SCOD	SCED	SCF	SCD
2011	0.8743	0.8017	0.7841	0.7854
2012	0.8753	0.7828	0.7736	0.7673
2013	0.8754	0.7793	0.7718	0.7669
2014	0.8685	0.7898	0.7554	0.7506
2015	0.8722	0.7802	0.7769	0.7723
2016	0.8698	0.7733	0.7485	0.7416
2017	0.873	0.7527	0.7526	0.7492
平均值	0.8671	0.7761	0.7657	0.7608
灰色关联度顺序	1	2	3	4

综合来看，SCOD 对高山草原 SOS 的影响最小，对 EOS、LOS 的影响最大；积雪参数与高山草原 EOS 和 LOS 的灰色关联度顺序一致。此外，4 种草地类型 EOS 和 LOS 的灰色关联度顺序相同。

2.6　结　　论

本研究利用 MODIS 数据对蒙古高原积雪参数、物候参数进行提取，并对积雪参数、物候参数时空分布特征及其变化趋势进行分析。在此基础上，结合相关分析方法、灰色关联度方法，分析蒙古高原积雪变化对草地植被的影响，结论如下。

（1）2000～2017 年蒙古高原积雪覆盖率在 30%～50%，其中，阿尔泰山脉、杭爱山脉海拔在 2000m 以上的地区多年平均积雪覆盖率（60% 以上）最高，而且多年平均积雪日数（120 天以上）最长；阿拉善高原的沙漠和戈壁地区多年平均积雪覆盖率（不足 5%）最低，而且多年平均积雪日数（不足 18 天）最短。翌年 1 月积雪覆盖率（46.26%）最高，2002 年积雪覆盖率最高，为 36.83%，2014 年积雪覆盖率最低，为 21.55%。初雪日期从西南部向北部提前，最早出现在 9 月，分布在阿尔泰山脉、萨彦岭；最晚出现在翌年 1 月，分布在阿拉善高原。终雪日期从西南部向北部推迟，最早出现在翌年 1 月，零星分布在阿拉善高原部分地区；最晚出现在翌年 4 月，主要分布在阿尔泰山脉、杭爱山脉、萨彦岭、肯特山脉及大兴安岭和呼伦贝尔高原部分地区。积雪反照率有从北部向东南部和西南部减小的分布规律。2000～2017 年蒙古高原积雪覆盖率、积雪日数、积雪反照率主要呈减少趋势，初雪日期、终雪日期主要呈提前趋势。但蒙古高原东部呼伦贝尔高原和东南部锡林郭勒草原积雪覆盖率和积雪日数呈增长趋势。

（2）2001～2017 年蒙古高原西南部地区 NDVI 小，北部、东部地区 NDVI 大。生长季开始时间集中出现在 4 月中旬至 5 月中旬，西北部萨彦岭、杭爱山脉植被生长季开始时间在 5 月中旬之后，是进入生长季时间最晚的地区。生长季结束时间与生长季开始时间相反，进入生长季早的地区植被退出生长季晚，进入生长季晚的地区退出生长季早。生长季结束时间集中出现在 9 月 16 日～10 月 10 日，西北部萨彦岭、杭爱山脉植被生长季结束时间在 9 月之前，是进入生长季时间最早的地区。蒙古高原西北部阿尔泰山脉、杭爱山脉、萨彦岭生长季长度在 110 天以下；西北部阿尔泰山脉和杭爱山脉之间的地区、北部大部分地区、东部大兴安岭以西内陆草原地区生长季长度在 110~140 天；中部、西南部及东部大兴安岭地区生长季长度多在 160~209 天；南部河套平原生长季长度多在 98~124 天；东南部乌兰察布高原生长季长度多在 140~160 天。2001~2017 年蒙古高原 NDVI、生长季长度主要呈增长趋势，生长季开始时间、生长季结束时间主要呈提前趋势。

（3）积雪季节终雪日期推迟、积雪覆盖率和积雪日数增大会使蒙古高原 4 种草地类型生长季开始时间推迟、生长季结束时间提前、生长季长度缩短。初雪日期推迟会使草甸草原生长季开始时间推迟、荒漠草原生长季结束时间提前，其他 3 种草地类型生长季开始时间提前、生长季结束时间推迟。初雪日期推迟还会使 4 种草地类型生长季长度缩短。

终雪日期、积雪日数、积雪覆盖率对蒙古高原 4 种草地类型生长季开始时间的影响程度各不相同，但初雪日期对 4 种草地类型生长季开始时间的影响最小。积雪覆盖率对草甸草原生长季开始时间的影响最大，终雪日期次之；终雪日期对典型草原生长季开始时间的影响最大，积雪日数次之；积雪日数对荒漠草原生长季开始时间的影响最大，积雪覆盖率次之；终雪日期对高山草原生长季开始时间的影响最大，积雪覆盖率次之。

初雪日期、终雪日期、积雪覆盖率、积雪日数对蒙古高原 4 种草地类型的生长季结束时间、生长季长度的影响程度相同，但不同草地类型积雪参数对生长季结束时间、生长季长度的影响程度各不相同。初雪日期对蒙古高原 4 种草地类型生长季结束时间、生长季长度的影响最大，终雪日期次之。

第3章 蒙古高原 1982～2015 年雪深时空变化及其对草地植被物候影响研究

3.1 数据与方法

蒙古高原泛指亚洲东北部高原地区，积雪资源丰富，同时地形地貌复杂多样，气候差异显著，地表植被种类空间分布带有明显的地域性。本章将对蒙古高原地理位置、植被空间分布等方面进行详细介绍，同时对本研究用到的研究方法进行说明。

3.1.1 数据源与预处理

3.1.1.1 雪深数据

本研究中用到的雪深数据是 SMMR、SSM/I 和 SSMIS 遥感雪深数据产品，由美国国家航空航天局提供。该产品数据时间分辨率为 1 天，空间分辨率为 25km，时间范围为 1982～2015 年的积雪季节（本研究将每年 10 月～翌年 3 月作为一个积雪季节，例如 2012 年 10 月～2013 年 3 月为 2012 年的积雪季节）。本研究中把每天的雪深数据按月时间尺度进行算数平均，提取出月平均雪深数据，然后对每月雪深数据按照积雪季节的时间尺度进行算数平均，获取年平均雪深数据。为探讨雪深与气候变化之间的相关性，利用来自英国东英格利亚大学气候研究中心提供的一套覆盖面积大、分辨率高、观测全面的地表月平均气象因子数据集进行相关分析，其空间分辨率为 0.25°×0.25°。蒙古高原植被分布参考包刚等（2013）的蒙古高原植被覆盖分类结果。

3.1.1.2 其他数据

使用的植被物候期是利用 MATLAB 软件对 GIMMS NDVI 数据进行累计 NDVI 的 Logistic 曲线曲率极值法计算得到的，基础数据 GIMMS NDVI 是美国国家航空航天局发布的第三代产品数据集（http://glcf.umd.edu/data/gimms/），该产品数据空间分辨率为 8km，时间分辨率为 15 天，时间范围为 1982 年 1 月～2015 年 12 月。本研究分析的植被物候参数主要包括 NDVI、植被生长季开始时间（SOS）即植被返青期、植被生长季结束时间（EOS）即植被枯黄期、植被生长季长度（LOS）4 个物候参数。

3.1.2　研究方法

3.1.2.1　趋势分析

利用一元线性趋势分析可以计算每个像元在时间序列上的变化趋势，以反映蒙古高原植被物候期的整体变化趋势。使用线性趋势分析方法［式（3-1）和式（3-2）］，将物候数据序列与年份进行回归分析，得到草地植被物候的变化趋势（r），斜率的大小代表变化趋势的大小，用 P 表示变化的显著程度。如果 r 为负，则表示植被物候期呈现提前趋势；如果 r 为正，则表示植被物候期呈现推迟趋势。

$$y = a + bt \tag{3-1}$$

$$b = \frac{\sum\limits_{i=1}^{n} (y_i - \bar{y})(t_i - \bar{t})}{\sum\limits_{i=1}^{n} (y_i - \bar{y})^2} \tag{3-2}$$

式中，b 为斜率，b 为正值表明物候期呈上升趋势，b 为负值表明物候期呈下降趋势；y 为物候期；t 为年份，本研究中 t 为 1982 ~ 2015 年。在线性趋势分析中，如果草地植被物候期与年份的相关性小于 0.05 的显著性水平，即 $P<0.05$，就说明植被物候期呈现显著提前或显著推迟趋势。

3.1.2.2　相关分析

利用 Person 线性相关分析方法，研究蒙古高原雪深与植被物候期的相关关系以及雪深对气候变化的响应。本研究中分别选取蒙古高原雪深作为因变量，草地植被物候期作为因变量，具体为将植被生长季开始时间（SOS）、生长季结束时间（EOS）、生长季长度（LOS）、温度、降水量作为因变量，将雪深作为自变量进行分析。具体计算公式如下：

$$r_{xy} = \frac{\sum\limits_{i=1}^{n} (x_i - \bar{x})(y_i - \bar{y})}{\sqrt{\sum\limits_{i=1}^{n} (x_i - \bar{x})^2} \sqrt{\sum\limits_{i=1}^{n} (y_i - \bar{y})^2}} \tag{3-3}$$

式中，r 为相关系数；x 和 y 为两个变量。本研究中采用的 P 以 0.05 为限，当 $P<0.05$ 时，雪深与物候期显著相关；当 $P \geqslant 0.05$ 时，雪深与物候期不显著相关。

3.1.2.3　决策树分析法

为便于在影像中对相关性分析时的变量 R 和 P 进行描述，利用 ENVI 中决策树工具对其进行处理。具体计算如下：首先判断影像中 R 的正负，然后判断 P 是否小于 0.05，即如果满足 $R>0$ 和 $P<0.05$，则认为两个变量之间呈显著正相关；如果满足 $R>0$ 和 $P \geqslant 0.05$，则认为两个变量之间呈不显著正相关；如果满足 $R<0$ 和 $P<0.05$，则认为两个变量之间呈显著负相关；如果满足 $R<0$ 和 $P \geqslant 0.05$，则认为两个变量之间呈不显著负相关。流程图如图 3.1 所示。

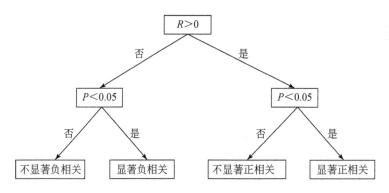

图 3.1　决策树分类法

3.1.2.4　累计 NDVI 的 Logistic 曲线曲率极值法

本研究在物候识别时使用的是累计 NDVI 的 Logistic 曲线曲率极值法，由曲率变化的特点得到 NDVI 时序曲线上植被的物候参数。曲线在某点上弯曲的程度代表曲率，曲率的大小用曲率变化率表示。在邻域内，某点弯曲程度变化的最大值用极大值点表示，弯曲程度变化的最小值用极小值点表示，本研究中把极大值点和极小值点对应的时刻分别定义为植被生长季开始时间即返青期和生长季结束时间即枯黄期，二者时间间隔定义为生长季长度，具体计算公式如下：

$$y(t) = \frac{c}{1+e^{a+bt}} + d \tag{3-4}$$

$$K = \frac{d\alpha}{ds} - \frac{b^2 cz(1-z)(1+z)^3}{[(1+z)^4 + (bcz)^2]^{\frac{3}{2}}} \tag{3-5}$$

$$z = e^{a+bt} \tag{3-6}$$

式中，t 为儒略日（一年为 365 天，1 月 1 日为第 1 天，1 月 2 日为第 2 天，以此类推）；$y(t)$ 为累计 NDVI，这个值与时间 t 相对应，通过累计 NDVI 的 Logistic 曲线拟合得到；d 通常为背景值 NDVI，通过分析一年内所有 NDVI 数据，选择其中的最小值作为背景值；a、b、c 为拟合参数；d 为 NDVI 背景值；z 为与时间 t 有关的指数函数，用于描述随时间变化的某个现象或过程。这样定义 z 是为了简化公式中关于时间 t 的复杂表达式。通过计算曲线曲率 K，根据曲线曲率极值法，提取研究区逐年逐像元上的极大值和极小值，这两个值分别代表返青期和枯黄期。

3.2　蒙古高原雪深特征及变化趋势

3.2.1　雪深随时间变化特征

利用 SMMR、SSM/I 和 SSMIS 遥感逐日雪深数据产品，提取 1982～2015 年蒙古高原积雪季节年平均雪深和月平均雪深，对其年际变化趋势和年内变化趋势进行分析，并获取1979～2013年内蒙古的雪深数据，分析雪深时空变化及其影响因素。

3.2.1.1　雪深年际变化特征

为探究1982～2015年蒙古高原年均雪深整体变化趋势，本研究对每个积雪季节内各月雪深进行算数平均得到年均雪深。图3.2是研究区1982～2015年逐年积雪季节年均雪深变化趋势统计图，可以看出，蒙古高原年均雪深随时间变化幅度较大，呈波动变化趋势，多年年均雪深约为16.66mm。其中1988年、1993年、1997年、2001年、2013年雪深为极大值，2013年雪深达到1982～2015年最大值，为26.46mm，1992年、1996年、1998年、2008年、2014年雪深为极小值，2008年雪深达到1982～2015年最小值，为8.08mm。1982～2015年蒙古高原年均雪深整体表现为减少趋势，变化速率为0.496mm/10a（$R^2 = 0.01$）。

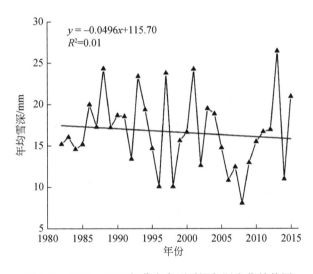

图3.2　1982～2015年蒙古高原雪深年际变化趋势图

由于内蒙古地区每年受北部蒙古高原和西伯利亚冷空气的影响程度不同，雪深所表现出的时间特性也有很大的差异。

如图3.3（a）所示，1979～2013年，内蒙古年均雪深维持在1.35～5.51cm，雪深年际变化最大相差4.16cm。其中，2012年雪深最大（5.51cm），2001年雪深最小（1.35cm），雪深平均值为3.38cm，标准差为0.98cm，波动振幅很大。其线性变化表明，1979～2013年内蒙古高原年均雪深呈显著的下降趋势，气候倾斜率为0.27/10a，通过$P < 0.01$的显著性检验。

由雪深5年平滑曲线可知，内蒙古雪深没有持续的下降趋势，1996年后雪深表现为上升趋势，标准差为0.32cm，并且2000年以后波动较小，平滑的标准差为0.22cm。

由图3.3（b）可知，20世纪80年代内蒙古积雪较多，距平达到0.55cm，其中，1986年正距平为1.65，远大于标准差；20世纪90年代，内蒙古积雪偏少，距平为-0.41cm，有7年为负距平，其中，1992年距平为0.84，接近标准差；21世纪以后，雪深在平均值

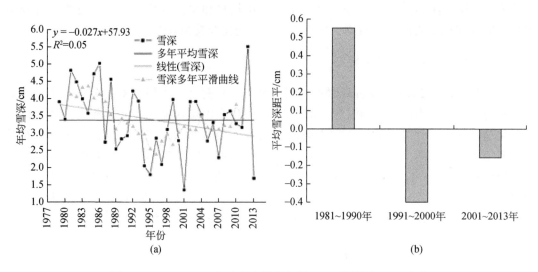

图 3.3　1979～2013 年内蒙古雪深年际（a）及代际（b）变化

左右波动变化，整体为减小态势，距平为-0.16。

3.2.1.2　雪深年内变化特征

本研究利用 ENVI 对蒙古高原 1982～2015 年积雪季节各个相同月份的雪深进行算术平均，得到各月的月平均雪深。从图 3.4 可以看出，蒙古高原积雪季节雪深呈单峰形分布，总体上可以分为两个阶段，即积雪积累阶段和消融阶段，雪深在 10 月最小，只有 0.2mm，然后随着温度的降低及降雪，雪深开始逐渐增加，到翌年 1～2 月雪深达到最大，为28.34mm，之后随着温度升高等，雪深开始减少，这一结论与包勇斌等（2018）利用ECMWF 再分析数据得出的蒙古高原年内积雪变化特征有较好的一致性。

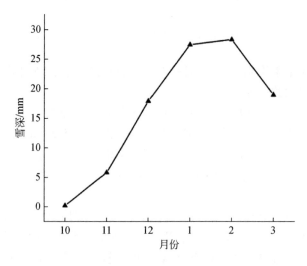

图 3.4　蒙古高原雪深年内变化图

3.2.2　雪深空间分布特征

本研究利用 ENVI 将每年积雪季节各月的月均雪深进行算数平均，获得每年年均雪深影像，然后对 1982～2015 年的年均雪深进行计算，以此获得蒙古高原多年年均雪深、雪深变化趋势和显著性检验空间分布特征。依据 FY-3B 被动微波数据反演出的内蒙古草原牧区雪深数据，分析其空间变化趋势。

3.2.2.1　多年年均雪深空间分布特征

由图 3.5 可知，蒙古高原雪深空间分布具有明显的地区差异，整体呈现出东北部和西北部年均雪深较大而西南部年均雪深较浅和由北部向南部逐渐减少的特点。从年均雪深划分等级可以看出，年均雪深小于 0.1mm 的地区主要分布在蒙古高原的西南部，如阿拉善盟等地区，其面积占研究区总面积的 2.99%；年均雪深在 0.1～1mm 的地区主要分布在蒙古高原的西南部，如阴山山脉的西部和南部等地区，其面积占研究区总面积的 6.84%；年均雪深在 1～3mm 的地区主要分布在蒙古高原的中部，如阴山山脉的北部等地区，其面积占研究区总面积的 6.91%；年均雪深在 3～10mm 的地区主要分布在蒙古高原的中部和东南部，如阴山山脉的东北部、戈壁阿尔泰山的东南部、大兴安岭的东南部等地区，其面积占研究区总面积的 17.73%；年均雪深在 10～20mm 的地区主要分布在蒙古高原的中部和西南部，如肯特山脉的南部、大兴安岭的西部、戈壁阿尔泰山的西南部等地区，其面积占研究区总面积的 23.09%；年均雪深在 20～30mm 的地区主要分布在蒙古高原的北部和西部，如肯特山脉、大兴安岭的西部、杭爱山脉等地区，其面积占研究区总面积的 18.76%；年均雪深在 30～40mm 的地区主要分布在蒙古高原的北部和西部，如肯特山脉、阿尔泰山脉等地区，其面积占研究区总面积的 8.98%；年均雪深在 40～50mm 的地区主要分布在蒙古高原的东北部和西北部，如大兴安岭的北部、杭爱山脉的西北部等地区，其面积占研究

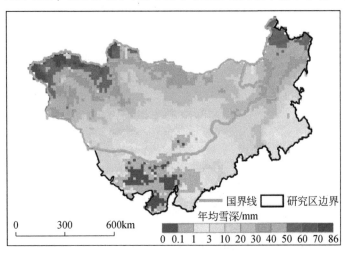

图 3.5　1982～2015 年蒙古高原年均雪深空间分布图

区总面积的 6.91%；年均雪深在 50 ~ 60mm 的地区主要分布在蒙古高原的东北部和西北部，如大兴安岭的北部、杭爱山脉的北部等地区，其面积占研究区总面积的 5.03%；年均雪深在 60 ~ 70mm 的地区主要分布在蒙古高原的西北部，如萨彦岭、阿尔泰山脉的北部等地区，其面积占研究区总面积的 1.31%；年均雪深大于 70mm 的地区主要分布在蒙古高原的西北部，如阿尔泰山脉的北部等地区，其面积占研究区总面积的 1.45%。雪深空间分布明显的地区差异与地形地貌和降水来源有很大关联，蒙古高原的降水主要来自北冰洋，造成北部地区降水偏多而南部地区降水偏少，同时北部雪深高值区位于高山等地区，海拔越高，形成的降雪越不易融化，降雪常年积累造成雪深较高。

内蒙古多年雪深有明显的地带性分布特征，以东部的呼伦贝尔市和中部的锡林郭勒盟为主，雪深最大（图 3.6）。同时，研究区雪深沿山脉分布的特征也很显著，东部的大兴安岭，中部的大青山，西部的乌拉山、雅布赖山以及阿拉善盟最西端靠近黑河水流域的马鬃山、乌拉山均有积雪的分布，雪深较大。1979 ~ 2013 年多年平均雪深 3.38cm，雪深在 1 ~ 3cm 的地区面积占比 73.7%，在 5cm 以上的地区面积占比 12.1%。东北部的呼伦贝尔高原和大兴安岭以及中部的锡林郭勒高原雪深分布最为密集且较大，东南部的兴安盟、赤峰市和通辽市以及西部的各盟市雪深分布较稀疏且较小。雪深分布存在 3 个高值区和 1 个低值区。高值区为东北部的呼伦贝尔高原和大兴安岭组成的高值带（中心雪深在 9.1cm 以上），锡林郭勒盟东北部地区（中心雪深在 6.8cm 以上）和锡林郭勒盟东部与赤峰市西部的交接地带（中心雪深在 6.2cm 以上）。低值区主要分布在西部盟市，包头市–巴彦淖尔市–鄂尔多斯市–阿拉善盟一线，雪深中心值都在 1cm 以下。雪深受地形和水汽输送的影响尤为明显。

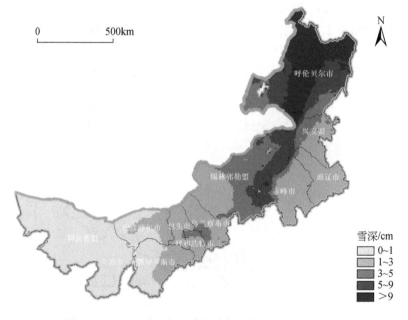

图 3.6 1979 ~ 2013 年内蒙古多年平均雪深空间分布图

内蒙古积雪的空间分布与地形变化存在一定的关系。海拔越高，气温越低，积雪融化的速度延缓，从而影响雪深的分布。内蒙古海拔最低点在东南部的西辽河流域，最高点在西部的贺兰山（图3.7）。

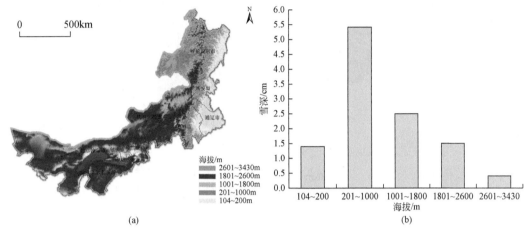

图3.7　内蒙古DEM（a）及其雪深分布（b）

将内蒙古的海拔分为104～200m、201～1000m、1001～1800m、1801～2600m、2601～3430m五段，统计得到多年平均雪深分别为1.4cm、5.4cm、2.5cm、1.5cm、0.4cm。雪深受海拔的影响明显，在200m以上雪深陡增，1000m以上雪深又下降，201～1000m的海拔在内蒙古的分布很特殊，包括东部的呼伦贝尔市、大兴安岭的部分区域、兴安盟、通辽市、赤峰市和中部锡林郭勒盟东北部，这些地区正是受蒙古高原和西伯利亚冷空气影响最大的地区，是东亚与太平洋之间水汽输送的必经之地。因为内蒙古西部海拔较高，并且积雪较少，因此并没有呈现明显的陡坎效应。

3.2.2.2　雪深变化趋势空间分布特征

本研究对1982～2015年的雪深进行趋势分析，探究蒙古高原雪深空间变化趋势。由图3.8可知，SLOPE<0的地区面积占研究区总面积的61.52%，蒙古高原雪深整体呈现减少趋势，减少较快的地区主要分布于蒙古高原的中部和西部，如阴山山脉的北部、大兴安岭的西南部、肯特山脉、杭爱山脉、戈壁阿尔泰山和萨彦岭的南部等地区；而SLOPE>0的地区面积占研究区总面积的38.48%，蒙古高原的雪深呈现增加趋势的地区主要分布于蒙古高原的东部、南部和西北部，如大兴安岭、阴山山脉的南部和杭爱山脉的西北部等地区。

本研究根据雪深变化的显著性程度，将其划分为三类，分别为减少不显著、增加不显著和显著增加，分类标准如表3.1所示。由图3.9可知，雪深变化减少不显著的地区主要分布在蒙古高原的中部，如阴山山脉的北部、大兴安岭的西南部、肯特山脉的南部、杭爱山脉和萨彦岭的南部等地区，其面积占研究区总面积的61.52%；雪深变化增加不显著的地区主要分布在蒙古高原的东部、南部和西北部，如大兴安岭、阴山山脉的南部、杭爱山脉的西北部等地区，其面积占研究区总面积的33.12%；雪深变化呈显著增加趋势的地区主要分布在蒙古高原的东部，如大兴安岭的中东部等地区，其面积占研究区总面积

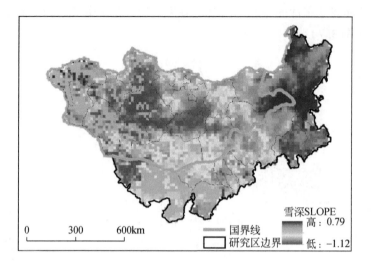

图 3.8　1982～2015 年蒙古高原雪深变化趋势空间分布图

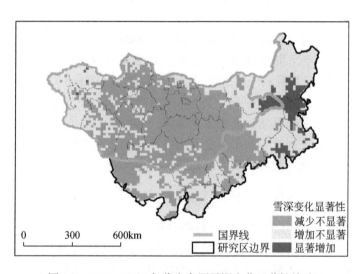

图 3.9　1982～2015 年蒙古高原雪深变化显著性检验

的 5.36%。

表 3.1　1982～2015 年蒙古高原雪深变化趋势分类表　　　　　（单位:%）

变化趋势	检验标准（双尾，$\alpha=0.05$）	面积比例
减少不显著	SLOPE<0，$t<t_\alpha$	61.52
增加不显著	SLOPE>0，$t<t_\alpha$	33.12
显著增加	SLOPE>0，$t>t_\alpha$	5.36

由图 3.10（a）可知，内蒙古雪深倾向率维持在-0.30～0.09cm/a，其中绝大部分地区的雪深倾向率在-0.08～0.08cm/a，其面积占内蒙古面积的 78.9%，其中呼伦贝尔市、锡林郭勒盟以及阴山-乌拉山以及雅布赖山一线雪深倾向率在-0.08～0cm/a，属于下降的部分，其余地区的雪深倾向率在 0～0.08cm/a，属于增长的部分。雪深倾向率在-0.3～-0.15cm/a 的地区面积占 4.9%，主要分布在东部的呼伦贝尔、中部的锡林浩特市，赤峰市西部的克什克腾旗和多伦县以及西部的阿拉善盟的阿拉善右旗地区也有雪深像元分布。由东北部向西南部地区雪深倾向率在-0.15～-0.08cm/a，集中在呼伦贝尔市-锡林浩特市-乌兰察布市-包头市-鄂尔多斯市-阿拉善盟一线，其面积占研究区总面积的 16.1%。雪深倾向率在 0.08～0.09cm/a 的地区仅分布在呼伦贝尔市的根河市。

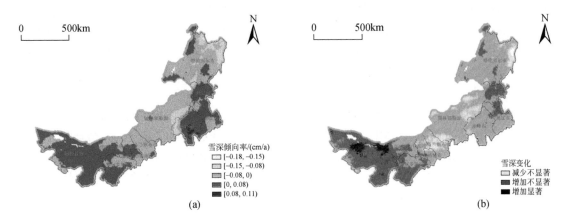

图 3.10　1979～2013 年内蒙古雪深变化趋势（a）和显著性水平（b）空间分布图

利用 ARCGIS 逐像元分析的雪深的显著性变化趋势［图 3.10（b）］表明，内蒙古呈增加趋势的地区面积占研究区总面积的 48.4%，呈减少趋势的地区面积占研究区总面积的 51.6%，主要分布在呼伦贝尔市、锡林郭勒盟、通辽市和兴安盟的部分地区以及阴山-乌拉山以及雅布赖山一线。呈不显著增加趋势的地区面积占研究区总面积的 32.3%，主要分布在呼伦贝尔市北部、通辽市、赤峰市以及锡林郭勒盟以西的盟市。有显著增加趋势的像元最少，仅占 16.1%，主要分布在阿拉善盟、鄂尔多斯市、赤峰市和巴彦淖尔市西部。

3.3　基于 FY-3B 被动微波数据的雪深反演

光学遥感容易受到云的干扰，并且雪深超过一定深度时很容易饱和。被动微波遥感在获取雪深方面有很大优势：能够穿透云层，时间分辨率高，并且能够穿透地表获得雪水当量以及雪深信息。目前，国际上主要有 SSM/Ⅱ（特殊传感器微波成像仪，special sensor microwave imager）、SMMR、TMI 热带降雨测量任务（TRMM）微波成像仪，the TRMM microwave imager）以及 AMSR-E（先进微波扫描辐射计-地球观测系统，advanced microwave scanning radiometer-EOS）传感器等星载微波辐射计。2010 年 11 月 5 日，我国成功发射了具有高光谱分辨率、高灵敏度、高精度和宽视场等特点的新一代极轨气象卫星风云三号，并首次搭载了微波成像仪（MWRI），其可在 5 个探测频点提供准确的地面被动微波数据，蒋玲梅等（2014）基于此数据建立了雪深反演算法，并且该算法已成为我国雪深反演的业务化算法。不仅如此，国内新一代气象卫星也是继 2011 年主流应用的 AMSR-E 传感器出现仪器故障停止工作后的主要替代被动微波遥感数据源之一。

国内外大多数雪深模型研究都是基于 Chang 等（1987）提出的"亮温梯度"半经验算法和蒋玲梅等（2020）算法来反演雪深。Foster 等（1984）在"亮温梯度"半经验算法的基础上，增加了森林覆盖度参数，提了了森林地区的雪深以及雪水当量反演精度。Derksen（2008）研究森林区的积雪量时，发展了对不同地表覆盖类型（裸地、针叶林、落叶林和稀疏森林等）敏感的雪深反演算法。但是这些雪深反演模型的参数化方案不能完全适合中国的雪情，并且多项研究以青藏高原和北疆地区为研究对象，揭示当雪深超过一定深度时，该类模型的雪深反演结果有较大偏差，雪深会被明显低估。因此，如何应用被动微波传感器的不同频率获取亮温信息，提高雪深的反演精度成为该研究领域的难点。

内蒙古草原牧区是草地畜牧业生产的基础，也是雪灾发生后损失惨重的区域。因此，本研究利用内蒙古草原牧区积雪对被动微波不同通道亮温差的响应差异，并结合野外实验固定观测点和气象站点的雪深数据，发展适合内蒙古草原牧区的基于国产卫星 FY-3B/MWRI 传感器的雪深反演算法，以期为内蒙古草原牧区雪灾监测、风险评估、灾情评价及灾后重建提供科学依据。

3.3.1 研究区与数据

3.3.1.1 研究区

内蒙古位于我国北部边疆，全区的总面积为 118.3km²，占全国陆地面积的 12.3%。内蒙古草原是位于国际地圈-生物圈计划（IGBP）全球变化研究典型陆地样带我国东北陆地样带内，属于典型的中纬度半干旱温带草原生态类型，是我国北方重要的陆地生态系统。内蒙古草原总面积达 8666.7 万 hm²，其中可利用草场面积达 6800 万 hm²，占中国草场总面积的 1/4，是草地畜牧业生产的基础，也是我国三大稳定积雪覆盖区之一，特别是内蒙古东北部草原牧区是雪灾多发区。图 3.11 揭示了研究区及野外观测点分布图。这些牧区均为少数民族的聚集地，草地和牲畜是其最基本的生产和生活资料，一旦发生雪灾，牧民和家畜即刻陷入绝境，损失惨重，严重制约草地畜牧业的可持续发展。

3.3.1.2 数据来源

（1）野外固定观测点实验数据
气象站点资料只是点分布数据，其分布不均匀，在一个旗县基本上只有一个站点，不能代表整个区域的积雪状况。因此，本研究专题组织队伍于 2011 年 7 月 18 日~8 月 1 日对内蒙古锡林郭勒牧区进行野外考察，找牧户对雪灾多发区固定观测点（考察观测点根据

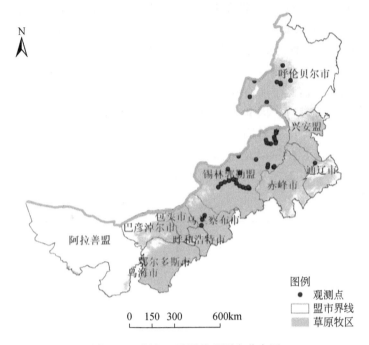

图 3.11　研究区及野外观测点分布图

雪灾多发区分布和交通状况确定），对雪深、气温、积雪持续日数等相关数据进行每年滚动调查，并收集研究区有关的历史数据资料。通过以上的工作，建立内蒙古草原牧区雪灾信息数据库，为内蒙古牧区雪灾监测和评估打下基础。

　　本次调查范围主要是雪灾频繁出现的内蒙古锡林郭勒盟东乌珠穆沁旗、西乌珠穆沁旗、阿巴嘎旗。草原类型覆盖温性草甸草原类和温性草原类。

　　调查内容如下。

　　1）找牧户对雪灾多发区固定样地。①草地植被样方调查：调查固定观测点的草原盛草期和枯草期植物群落种类组成、结构、数量特征、植物生长状况以及生境条件。用 GPS 定位保证实测样地地理位置的准确性。在实测过程中记录群落组成、盖度、高度、频度、地上生物量等数据。在每个监测观测点内取 3 个 1m² 样方，并对具有高大灌木的观测点取 1 个 10m² 样方。②雪深调查：实测下雪时的雪深、气温和积雪持续日数等。牧户样地调查样表 1（表 3.2）是我们自己用，牧户观测点调查样表 2（表 3.3）给牧民用。

　　2）收集雪灾评估相关数据资料：①盟及各旗、乡历年统计年鉴、旗志等；②各业务局、站相关资料（植被、土壤、水文资料、生产状况等）；③有关生产和管理模式的资料；④其他有关资料。

　　在锡林郭勒盟固定了 41 个观测点。其中，20 个观测点设在草甸草原，21 个观测点设在典型草原。设观测点时也需要考虑地形地貌因子。

　　锡林郭勒盟东乌珠穆沁旗选择了 6 个牧户 22 个观测点，其中，12 个观测点设在丘陵地区，10 个观测点设在平原地区。西乌珠穆沁旗选择了 2 个牧户 7 个观测点，其中，4 个观测点设在丘陵地区,3 个观测点设在平原地区。阿巴嘎旗选择了 3 个牧户 12 个观测点,其中,6 个观测点设在丘陵地区,6 个观测点设在平原地区。

2011 年 11 月 8~17 日再次去锡林郭勒牧区进行野外调查,这次在原有观测点的基础上增设了林缘草甸 6 个观测点、低地草甸 3 个观测点、草甸草原 1 个观测点和典型草原 1 个观测点。同时,监测了所有观测点的植被高度、产量、光谱、土壤湿度、地表温度、植被温度和雪深等参数。因此,我们在锡林郭勒牧区已建立包括林缘草甸、低地草甸、草甸草原和典型草原的野外固定观测点 52 个,涉及 14 个牧户,他们每个月滚动测量各观测点的植被高度、产量以及雪深等参数。图 3.12 是锡林郭勒盟雪灾野外固定观测点分布图,表 3.2 和表 3.3 是牧户观测点调查样表;图 3.13 是野外固定观测点实验的部分工作图片。

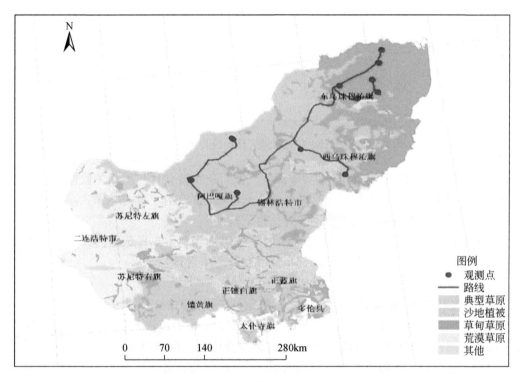

图 3.12　锡林郭勒盟雪灾野外固定观测点分布图

3) 每年草原盛草期开展一次固定观测点调查,草原枯草期开展 3 次固定观测点调查,下雪时至少开展 3 次固定观测点调查。如果下雪大,交通封闭,就跟牧户电话联系,让牧户测雪深、积雪日数等参数。

目前,我们已有 2012 年和 2013 年的两个积雪季节野外固定观测点实验数据,完全可以建立雪深模型。

表 3.2　牧户观测点调查样表 1

标杆号	8-1；8-4		相对位置	锡林郭勒盟西乌珠穆沁旗巴彦胡舒苏木洪格尔嘎查	
牧户姓名	特古斯		地理坐标		
草地类型	典型草原		地貌类型	丘陵	土壤类型
海拔			测定时间	2011 年 7 月 26 日 16：30	
测定内容					

植物种类	枯草高度/cm	生产量/（g/m²）	刚下雪雪深
针茅	48		cm
隐子草	10		
羊草	31		
小叶锦鸡儿	15		下完雪后 5 天的雪深
蒙古葱	17		cm
细叶韭菜	生 21 营 19		
黄芩	生 10 营 9		
鸦葱	3		
猪毛菜	7		下完雪后 10 天的雪深
芸香	5		
棘豆	3		
			下完雪后 15 天的雪深
			cm
			下完雪后 20 天的雪深
			cm
合计			
样地背景描述	描述内容包括开始下雪时间、下雪持续时间、气温、积雪持续时间、牧户牲畜状况和生产方式等		

注：下雪后每 5 天测定一次雪深。

表3.3 牧户观测点调查样表2

样地号	1-1；1-2；1-3	相对位置	锡林郭勒盟东乌珠穆沁旗满都胡宝拉格镇 巴彦布日都嘎查		
牧户姓名	达胡巴雅尔	地理坐标	2011年9月25日植被高度		
草地类型		地貌类型		土壤类型	
海拔高度		测定时间	2011年11月13日11：37		

测定内容					
坡上标杆（1-1）		坡中标杆（1-2）		坡下标杆（1-3）	
植物种类	枯草高度/cm	植物种类	枯草高度/cm	植物种类	枯草高度/cm
高草	40	高草	43	高草	
中草	25	中草	20	中草	
矮草	6	矮草	5	矮草	
雪深	5	雪深	5	雪深	5
下完雪后5天（11月19日）的雪深/cm	5	下完雪后5天的雪深/cm	5	下完雪后5天的雪深/cm	5
下完雪后10天（11月25日）的雪深/cm	3	下完雪后10天的雪深/cm	3	下完雪后10天的雪深/cm	3
下完雪后15天（12月1日）的雪深/cm	2.5	下完雪后15天的雪深/cm	2.5	下完雪后15天的雪深/cm	2.5
样地背景描述	描述内容包括开始下雪时间、下雪持续时间、气温、积雪持续时间、牧户牲畜状况和生产方式等。 2011年11月11日开始下雪。11月13日的雪深：1-1为10cm；1-2为4cm；1-3为8cm。12月8日10：30测的雪深在2~3cm，枯草高度分别为30cm、20cm和5cm。12月12~13日下了点雪，14日上午测的雪深都达到5cm。12月18日的雪深也是5cm；2012年1月18日的雪深达到12cm或11cm				

注：下雪后每5天测定一次雪深。

图 3. 13　野外固定观测点实验的部分工作图片

（2）遥感数据

1）FY-3B 被动微波数据。我国新一代极轨气象卫星 FY-3 上首次搭载的微波成像仪的设计频率有 10. 65GHz、18. 7GHz、23. 8GHz、36. 5GHz、89GHz 和 150GHz 6 个频率，每个频率有 v（垂直）和 h（水平）两种不同的极化模式，相应的星下点空间分辨率分别为 51km×85km、30km×50km、27km×45km、18km×30km、9km×15km 和 7. 5km×12km。FY-3 气象卫星资料中含有丰富的生态环境变化信息，能够利用被动微波遥感技术获取雪深、雪水当量等重要的积雪参数，并将其运用于宏观大尺度的积雪参数的动态监测和反演。本研究从国家卫星气象中心网上下载 2011 年 10 月 ~ 2013 年 3 月的 FY-3B-MWRI L1 降轨数据 160 幅。利用 ENVI 软件打开下载的 FY-3B 的 EARTH_OBSERVE_BT_10_TO_89GHZ 及

Latitude 和 Longitude 信息的数据，建立 GLT 文件。利用 GLT 文件对 FY-3B 的原始数据进行几何校正。然后，原始数据的计数值转换成亮温数据，转换 Albers 投影后按内蒙古的界限裁剪生成内蒙古 FY-3B 的亮温数据。

2）MCD12Q1 数据。下载 2012 年的 MODIS 数据的土地覆盖类型产品 MCD12Q1，根据 IGBP 的分类标准来提取内蒙古的草原牧区，研究区由 6 幅 MCD12Q1 拼接而成，空间分辨率为 500m。

3）MOD10A1 数据。MOD10A1 是 MODIS 的逐日积雪产品，用于草原牧区积雪覆盖区域的提取，数据的格网分辨率为 500m。本研究将每年 10 月～翌年 3 月定义为一个积雪季节，研究区的 2 个积雪季节的 2160 幅影像数据从美国国家雪冰中心（National Snow and Ice Data Center，NSIDC）网站下载。

（3）气象数据

呼伦贝尔市草原牧区没有野外固定观测点实验数据，因此本研究利用内蒙古自治区气象局提供的呼伦贝尔市 7 个气象站点的雪深、雪压和气温数据（2011 年 10 月～2013 年 3 月）。

3.3.2 雪深反演模型建立

3.3.2.1 被动微波遥感原理

被动微波辐射计是测量地球表面入射辐射的亮度温度的遥感仪器，并推算地球表面的物理温度和发射率。微波辐射的波长一般为 3mm～6cm，或频率为 5～100GHz。它向下观测，是一种有效的无线电探测仪，是一种可以穿透多数云层的微波技术，也提供了多种频率和极化方式。被动微波的空间分辨率较低，但是扫描幅度宽，具有全天时和全天候的特点。

雪覆盖的地球表面的向上微波辐射包括雪层本身的辐射和雪盖下垫面的辐射。在微波低频波段，干雪发射的信号主要受雪下下垫面地表特性的影响。而在高频波段，由于雪颗粒的体散射起着重要作用，积雪辐射对雪水当量和雪颗粒大小很敏感。雪层越深，雪粒对微波辐射的散射强度就越强，到达传感器的辐射强度就越弱。雪深与亮温关系表现为：频率越高，散射作用也越强。36.5GHz 通道对积雪的散射作用相当敏感，而 18.7GHz 通道在一定雪深范围内的散射作用比较弱；随着雪深的增加，36.5GHz 通道亮温下降，而 18.7GHz 通道亮温则基本保持不变，即二者的亮温差越大，雪深就越深。因此，通常利用积雪对不同频率的敏感性不同来探测地表雪深和雪水当量。相较于干雪，湿雪中的微小水分含量会改变积雪的辐射特性，当湿度达到 1%～2% 时，频率 37GHz 的亮温比在相同物理温度条件下的干雪高出 100K。因此，利用此原理可以很好地区分湿雪和干雪，从而监测雪的消融与冻结。然而，湿雪的观测信号只能反映近雪层表面信息，无法反演雪深和雪水当量。因此，反演雪深时通常剔除湿雪。目前，通常采用的雪深反演亮温梯度算法是用 18.7GHz 和 36.5GHz 频率的亮温差来反演雪深，孙知文（2007）在积雪判别时通过引入积雪覆盖度产品来发展基于被动微波遥感的中国地区雪深半经验算法。张显峰等（2014）和蒋玲梅等（2014）考虑了浅雪和厚雪的条件，引入了 10.7GHz 和 89GHz，并利用这 2 个频率的 8 个通道组合的亮温数据来建立中国区域雪深统计回归拟合雪深算法。

3.3.2.2 雪深反演

萨楚拉等（2013）研究表明，内蒙古草原牧区尤其是呼伦贝尔高原以及乌珠穆沁盆地是雪灾多发区，这些区域都是草原牧区。考虑到下垫面的干扰，本研究只选取内蒙古草原牧区，利用 MODIS 数据的土地覆盖类型产品 IGBP 的分类方案只提取内蒙古草原牧区。在判识积雪覆盖方面，采用 MODIS 的 MOD10A1 积雪产品，先提取积雪覆盖范围，然后经上述数据筛选剔除湿雪观测后，利用蒋玲梅等（2014）的雪深算法，对各波段亮温差和实测雪深进行相关性分析，利用有效样本的 18h 和 36h 的亮温差、10v 和 89h 亮温差及 18v 和 89h 亮温差和实测雪深进行拟合分析，得到基于 FY-3B 的内蒙古草原牧区雪深反演算法：

$$SD = 0.5349 \times d18h36h - 5.8052 + 10.8228 \times exp(-0.0801 \times d10v89h + 0.0833 \times d18v89h)$$

$$(3-7)$$

式中，SD 为内蒙古草原牧区反演的雪深，cm。式（3-7）中的字符组合：d 为差值；10、18、36 和 89 表示 FY-3B-MWRI L1 降轨数据的对应亮温通道；v 表示垂直极化；h 表示水平极化。例如，d10v89h 表示 10.65GHz 垂直极化和 89GHz 水平极化的亮温差。

本研究选择下垫面为草原牧区，草地是低矮植被，因此对反演雪深的干扰作用小，选用的 18.7GHz 与 36.5GHz 的 h 极化亮温差对雪深较为敏感。在发展雪深算法时加入 89GHz 的观测，以便更好地识别浅雪。其模型拟合决定系数 R^2 为 0.59，通过了 0.001 的显著性水平的统计学的 F 检验。因此，拟合模型是合理的，具有显著的统计学意义。

3.3.2.3 精度验证

雪深算法的精度与决定系数（R^2）、均方根误差（RMSE）和平均相对误差（MRE）有关系。R^2 的大小决定实测值与模拟值相关的密切程度，R^2 越接近 1，表示相关的雪深算法参考价值越高；R^2 越接近 0，表示参考价值越低。均方根误差用于估算雪深与实测雪深的偏差，说明样本的离散程度。平均相对误差则能量化比较估算雪深 $SD_{Microwave}$ 与实测雪深 SD_{insitu} 的一致性，这个指标也体现了算法的精度，其计算公式如下：

$$MRE = \frac{\sum |SD_{Microwave} - SD_{insitu}| \div SD_{insitu}}{n} \times 100\% \qquad (3-8)$$

本研究选择 2011 年 10 月～2013 年 3 月两个积雪季节的有效观测雪深来反演模型，并将 2012 年的 84 个观测雪深数据用于算法的验证，内蒙古草原牧区反演雪深的验证结果见图 3.14，模型拟合相关系数 R^2 为 0.59，均方根误差为 3.12cm，平均相对误差为 18%。因此，本模型反演的雪深与观测雪深有很好的一致性。

3.3.3 模型应用案例

本研究利用野外固定观测点和国产卫星 FY-3B 微波亮温数据建立适合内蒙古草原牧区的雪深模型，并在精度验证后利用该模型反演内蒙古草原牧区 2012 年 12 月中旬～2013 年

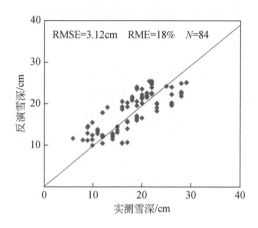

图 3.14　内蒙古草原牧区雪深验证结果图

1 月上旬雪深的结果。

3.3.3.1　雪深反演面积统计

表 3.4 雪深反演面积统计结果揭示，2012 年 12 月中旬～2013 年 1 月上旬，雪深分级为 0～10.0cm 和 10.0～15.0cm 区域的面积在 2012 年 12 月中旬～下旬增加，2012 年 12 月下旬～2013 年 1 月上旬减少。雪深 0～10.0cm 的区域从 2012 年 12 月中旬的 $2.45 \times 10^4 \mathrm{km}^2$ 增加到 $1.085 \times 10^5 \mathrm{km}^2$，然后减少到 1 月上旬的 $7.84 \times 10^4 \mathrm{km}^2$；雪深 10.0～15.0cm 的区域从 2012 年 12 月中旬的 $9.57 \times 10^4 \mathrm{km}^2$ 增加到 2012 年 12 月下旬的 $1.244 \times 10^5 \mathrm{km}^2$，然后减少到 2013 年 1 月上旬的 $9.97 \times 10^4 \mathrm{km}^2$。雪深 15.0～20.0cm 的区域从 2012 年 12 月中旬的 $2.162 \times 10^5 \mathrm{km}^2$ 减少到 2012 年 12 月下旬的 $1.952 \times 10^5 \mathrm{km}^2$，然后又减少到 2013 年 1 月上旬的 $1.745 \times 10^5 \mathrm{km}^2$。雪深 20.0～30.0cm 的区域从 2012 年 12 月中旬的 $7.28 \times 10^4 \mathrm{km}^2$ 增加到 2012 年 12 月下旬的 $9.58 \times 10^4 \mathrm{km}^2$，随后又增加到 2013 年 1 月上旬的 $1.32 \times 10^5 \mathrm{km}^2$。这表明 2012 年 12 月下旬和 2013 年 1 月上旬这些地区继续降雪导致雪深 10.0～15.0cm 的区域面积继续减少和雪深 20.0～30.0cm 的区域面积继续增加。

表 3.4　内蒙古草原牧区 2012 年 12 月中旬～2013 年 1 月上旬雪深反演面积统计

雪深分级 /cm	2012 年 12 月中旬 面积/km²	2012 年 12 月下旬 面积/km²	2013 年 1 月上旬 面积/km²
0～10.0	24 500	108 500	78 400
10.0～15.0	95 700	124 400	99 700
15.0～20.0	216 200	195 200	174 500
20.0～30.0	72 800	95 800	132 000
合计	409 200	523 900	484 600

3.3.3.2 雪深反演空间分布特征

基于 FY-3B 被动微波数据反演出的内蒙古草原牧区雪深在空间上显著变化的是雪深 15.0～20.0cm 和 20.0～30.0cm 的区域（图 3.15）。雪深 20cm 以上的区域在 2012 年 12 月中旬主要分布在新巴尔虎左旗、鄂温克族自治旗、东乌珠穆沁旗东北部、西乌珠穆沁旗和锡林浩特市南部。到 2013 年 1 月上旬，这些区域继续降雪，10.0～15.0cm 的雪深区域转变为 20.0～30.0cm 的雪深区域在空间上不断扩大，主要分布在锡林郭勒草原和呼伦贝尔草原。另外，内蒙古气象数据显示 2012 年 12 月下旬降雪的气象站点有海拉尔、博克图、小二沟、扎兰屯、索伦、乌兰浩特、达尔罕茂明安联合旗、包头和呼和浩特等站点，2013 年 1 月上旬下雪的气象站点有新巴尔虎左旗、图里河、小二沟、阿尔山、索伦、东乌珠穆沁旗、海力素、锡林浩特等气象站点。因此，监测结果与气象部门同时期气象站点的降雪量有较高的吻合度。这些雪深大于 20.0cm 的区域应该合理规划草地利用方式，加强饲料储备和调整生产方式以及相关行政管理部门要部署和实施牧区雪灾防灾减灾和救助工作。

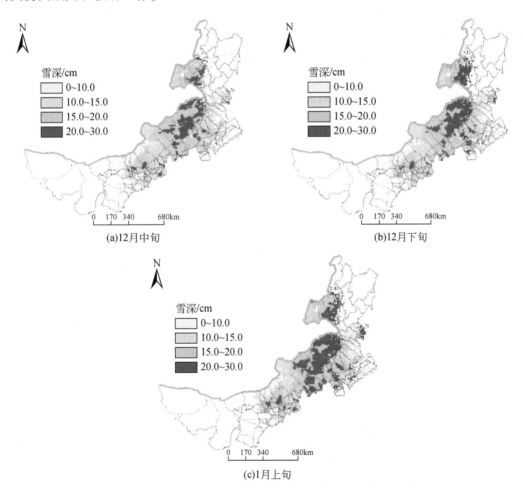

图 3.15　内蒙古草原牧区 2012 年 12 月中旬、下旬和 2013 年 1 月上旬平均雪深反演图

本研究利用模型对内蒙古草原牧区 2012 年 12 月中旬～2013 年 1 月上旬雪深变化进行的一个月连续监测的结果表明，随着降雪量的不断累积，原始的低雪深面积覆盖度分布逐渐向高雪深过渡，并且高雪深的区域面积占主导地位。雪深 20.0cm 以上的区域面积显著增加，增加的面积为 59 200km^2，空间范围从新巴尔虎左旗、鄂温克族自治旗、东乌珠穆沁旗东北部、西乌珠穆沁旗和锡林浩特市南部扩大到锡林郭勒草原全境和呼伦贝尔草原东部。监测雪深变化与气象部门同时期气象站点的降雪量具有很好的一致性。

3.4 蒙古高原雪深时空变化的影响因素

3.4.1 降水时空变化及与雪深的关系

3.4.1.1 降水时空变化特征

由图 3.16 可知，蒙古高原多年年均降水量为 21.13mm，1982～2015 年以 0.756mm/10a（$R^2 = 0.08$）的速率减少，其中 1984 年、1990 年、1998 年、2003 年、2013 年年均降水量处于年均降水量变化曲线的极大值，1998 年年均降水量为最大值，达到 26.86mm，1989 年、1997 年、2001 年、2007 年年均降水量处于年均降水量变化曲线的极小值，2007年年均降水量为最小值，仅有 17.41mm。

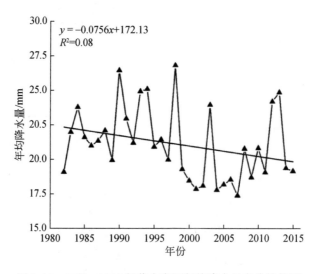

图 3.16　1982～2015 年蒙古高原年均降水量变化趋势图

对 1982～2015 年年均降水量进行趋势分析，结果如图 3.17 所示，从蒙古高原降水的 SLOPE 取值范围（图 3.17）可以看出，SLOPE 最高值达到 1.01mm/a，最低值为 −2.92mm/a，存在明显的区域差异。从整体来看，1982～2015 年年均降水量减少的区域面积较多，占研究区总面积的 78.32%，分布在蒙古国的中部和北部及内蒙古的东部、东北部。年均降水量增加的区域面积占研究区总面积的 21.68%，分布在蒙古国的南部和内蒙古的西部。

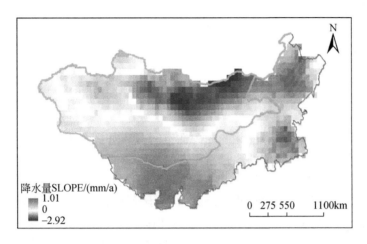

图 3.17　1982～2015 年蒙古高原降水量空间变化趋势

3.4.1.2　降水与雪深的关系

积雪对气候变化十分敏感，为分析蒙古高原雪深对温度和降水量变化的响应，按照积雪季节（10 月～翌年 3 月）的时间尺度对每年温度和降水量的月均数据进行再次平均，获取年均温度和年均降水量。由表 3.5 可知，降水量与雪深呈正相关，即降水量减少致使雪深也呈减少趋势，相关性 $R=0.34$，显著性 $P<0.05$，呈显著特性；雪深的变化受到温度和降水量的共同影响，其中温度与雪深呈负相关，即温度升高限制雪深增加，相关系数 $R=-0.32$，显著性 $P>0.05$，呈不显著特性。综合分析，蒙古高原雪深近年来表现出与降水量更显著的相关性，雪深呈现减少趋势是由于降水量的减少，同时温度升高也不利于雪深的积累。

表 3.5　1982～2015 年蒙古高原积雪季节雪深与气候因子的相关系数

气候因子	雪深	
	R	P
降水量	0.34	0.04
温度	−0.32	0.06

将蒙古高原积雪季节（10 月～翌年 3 月）的雪深与同时期的降水量进行相关分析，探究雪深对降水量的空间响应。依据相关性分析中的 R 和 P，利用决策树方法将相关性划分为不显著正相关、显著正相关、不显著负相关和显著负相关 4 个区间，划分标准如表 3.6 所示。

表 3.6　蒙古高原雪深与降水量相关性分类表　　　　　　（单位:%）

相关性	分类标准	面积比例
不显著正相关	$R>0$, $P \geq 0.05$	32.52
显著正相关	$R>0$, $P<0.05$	40.87
不显著负相关	$R<0$, $P \geq 0.05$	0.59
显著负相关	$R<0$, $P<0.05$	26.02

蒙古高原雪深变化与降水量变化的相关性空间分布如图 3.18 所示，蒙古高原雪深与降水量整体呈正相关，呈正相关的地区面积占研究区总面积的 73.39%，其中呈不显著正相关的地区主要分布于蒙古高原的北部和东北部，如肯特山脉、杭爱山脉和大兴安岭的北部等地区，其面积占研究区总面积的 32.52%，呈显著正相关的地区主要分布于蒙古高原的东南部和西北部，如阴山山脉的东北部、杭爱山脉的东北部和阿尔泰山脉等地区，其面积占研究区总面积的 40.87%，说明这些区域雪深主要受降水量变化的影响，积雪季节较低的温度有利于积雪的堆积，但随着降水量的减少，雪深也有所减少。而蒙古高原雪深与降水量呈负相关的地区相对较少，其面积只占研究区总面积的 26.61%，其中呈显著负相关的地区面积占研究区总面积的 26.02%，分布于蒙古高原的南部和东南部，如阴山山脉的西部和大兴安岭的东南部等地区，这些地区出现这样的现象可能与当地近年来植被覆盖度的增加减缓了积雪的融化有关。

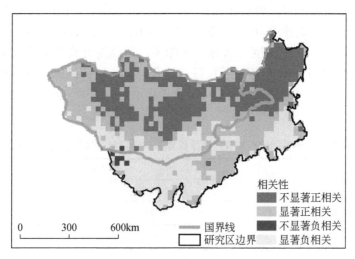

图 3.18　蒙古高原雪深变化与降水量变化的相关性空间分布

3.4.2　温度时空变化及与雪深的关系

3.4.2.1　温度时空变化特征

近几十年来，全球变暖已经成为不争的事实，为了更好地了解蒙古高原 1982~2015

年的温度变化特征，首先对全年温度进行了算数平均，分析 1982～2015 年其时空变化趋势。

由图 3.19 可知，蒙古高原 1982～2015 年年均温度为 1.81℃，以 0.382℃/10a（$R^2 = 0.28$）的速率升高，其中 1983 年、1989 年、1998 年、2007 年年均温度处于年均温度变化曲线的极大值，2007 年年均温度为最大值，达到 3.41℃，1984 年、1996 年、2000 年、2005 年、2012 年年均温度处于年均温度变化曲线的极小值，1984 年年均温度为最小值，仅有 0.23℃。

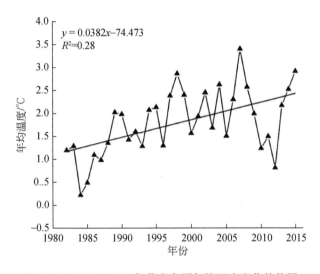

图 3.19　1982～2015 年蒙古高原年均温度变化趋势图

为了揭示本研究研究时段内温度的空间变化特征，逐像元分析了 1982～2015 年蒙古高原温度的变化趋势，其总体呈增加趋势，增温效应也有明显的区域差异，温度斜率的范围在 0.01～0.05℃/a（图 3.20）。在蒙古国的北部边缘和内蒙古东部和东北部的低海拔地区增温比较不明显，在研究区的中部地区增温幅度较大。

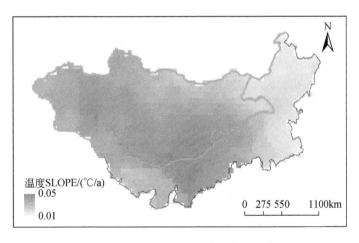

图 3.20　1982～2015 年蒙古高原温度空间变化趋势

3.4.2.2 温度与雪深的关系

将蒙古高原积雪季节（10 月~翌年 3 月）的雪深与同时期的温度进行相关分析，探究雪深对温度的空间响应。依据相关性分析中的 R 和 P，利用决策树方法将相关性划分为不显著正相关、显著正相关、不显著负相关和显著负相关 4 个区间，划分标准如表 3.7 所示。

表 3.7　蒙古高原雪深与温度相关性分类表 （单位:%）

相关性	分类标准	面积比例
不显著正相关	$R>0$, $P \geqslant 0.05$	0
显著正相关	$R>0$, $P<0.05$	5.63
不显著负相关	$R<0$, $P \geqslant 0.05$	29.81
显著负相关	$R<0$, $P<0.05$	64.56

蒙古高原雪深变化与温度变化的相关性空间分布如图 3.21 所示，蒙古高原雪深与温度整体呈负相关，呈负相关的地区面积占研究区总面积的 94.37%，其中呈不显著负相关的地区主要分布在蒙古高原的北部和东北部，如肯特山脉、杭爱山脉的东部、萨彦岭的南部和大兴安岭的东北部等地区，其面积占研究区总面积的 29.81%，呈显著负相关的地区广泛分布在蒙古高原的西部、南部和东部，如杭爱山脉的西部、阴山山脉和大兴安岭等地区，其面积占研究区总面积的 64.56%，这些地区降水量相对充沛，温度升高引起的暖冬化会使积雪提前融化，降低雪深；融雪期大气传递热量给积雪，温度的升高加速积雪融化，直接导致雪深减小，因此雪深与温度有着较密切的关系。而雪深变化与温度变化呈正相关性的地区面积较少，只占研究区总面积的 5.63%，零星分布在蒙古高原西部的阿尔泰山脉。

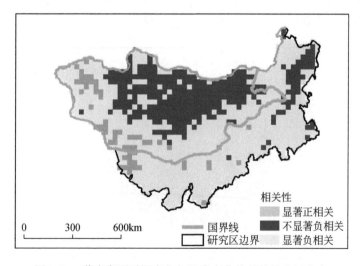

图 3.21　蒙古高原雪深变化与温度变化的相关性空间分布

3.5 蒙古高原植被物候变化特征

3.5.1 蒙古高原1982～2015年归一化植被指数

3.5.1.1 归一化植被指数随时间变化特征

首先对一年24期GIMMS NDVI遥感影像进行算数平均,获得年均NDVI影像,然后利用ENVI统计分析技术得到该影像的平均值,以此得到蒙古高原1982～2015年各年年均NDVI。从图3.22可以看出,蒙古高原1982～2015年植被NDVI呈增加趋势,以0.002/10a($R^2=0.10$)的速率增加,其中1984年、1988年、1994年、1998年、2008年、2014年年均NDVI处于年均NDVI变化曲线的极大值,1994年植被年均NDVI为最大值,达到0.312,1999年、2003年、2009年年均NDVI处于年均NDVI变化曲线的极小值,2003年年均NDVI为最小值,仅有0.292。

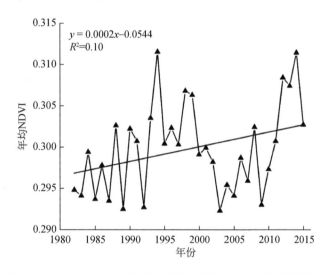

图3.22 1982～2015年蒙古高原多年年均NDVI时间变化特征

根据草甸草原年均NDVI变化曲线[图3.23(a)],蒙古高原草甸草原年均NDVI呈增加趋势,以0.003/10a($R^2=0.10$)的速率增加,其中1986年、1990年、1994年、1999年、2014年年均NDVI为年均NDVI变化曲线的极大值,2014年年均NDVI为最大值,达到0.343,1983年、1992年、2003年年均NDVI为年均NDVI变化曲线的极小值,2003年年均NDVI为最小值,为0.304。

根据典型草原年均NDVI变化曲线[图3.23(b)],蒙古高原典型草原年均NDVI呈增加趋势,以0.003/10a($R^2=0.10$)的速率增加,其中1984年、1988年、1994年、1998年、2008年、2014年年均NDVI为年均NDVI变化曲线的极大值,2014年年均NDVI为最大值,达到0.23,1989年、1992年、1997年、2004年、2009年年均NDVI为年均

NDVI 变化曲线的极小值, 2009 年年均 NDVI 为最小值, 为 0.20。

根据荒漠草原年均 NDVI 变化曲线［图 3.23（c）］, 蒙古高原荒漠草原年均 NDVI 呈增加趋势, 以 0.000 006/10a ($R^2 = 0.000 002$) 的速率增加, 其中 1984 年、1988 年、1994 年、1998 年、2003 年、2008 年、2012 年年均 NDVI 为年均 NDVI 变化曲线的极大值, 1994 年年均 NDVI 为最大值, 达到 0.13, 1987 年、1992 年、1997 年、2001 年、2011 年年均 NDVI 为年均 NDVI 变化曲线的极小值, 2011 年年均 NDVI 为最小值, 为 0.112。

根据高山草原年均 NDVI 变化曲线［图 3.23（d）］, 蒙古高原高山草原年均 NDVI 呈增加趋势, 以 0.003/10a ($R^2 = 0.10$) 的速率增加, 其中 1986 年、1991 年、1994 年、1999 年、2006 年、2013 年年均 NDVI 为年均 NDVI 变化曲线的极大值, 1994 年年均 NDVI 为最大值, 为 0.174, 1985 年、1989 年、1992 年、1996 年、2003 年、2009 年年均 NDVI 为年均 NDVI 变化曲线的极小值, 1992 年年均 NDVI 为最小值, 为 0.143。

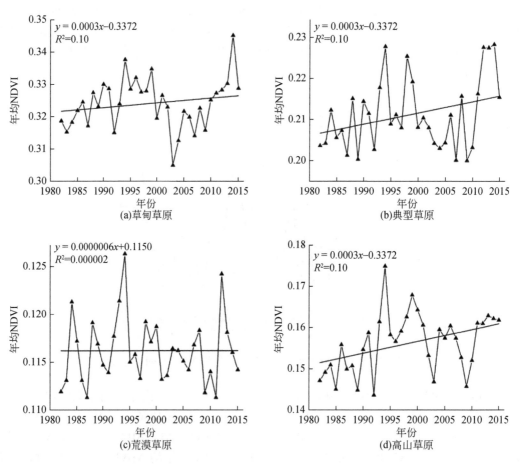

图 3.23　1982～2015 年蒙古高原草甸草原、典型草原、荒漠草原、高山草原年均 NDVI 变化

3.5.1.2　NDVI 空间分布特征

本研究通过 ENVI 将 1982～2015 年的年均 NDVI 影像进行算数平均, 得到一幅多年平

均 NDVI 空间影像，以此研究蒙古高原 NDVI 空间分布特征。由图 3.24 可知，蒙古高原 NDVI 空间分布具有明显的地域差异，NDVI 高值区主要分布于蒙古高原的北部、东北部和东部，如大兴安岭、肯特山脉和杭爱山脉的东北部等地区，NDVI 低值区主要分布于蒙古高原的西南部，如内蒙古的阿拉善等地区。NDVI 的空间分布特征与降水量的分布有很大关联，蒙古高原的降水量主要来自北部的北冰洋和东部的太平洋，充足的降水量有利于植被的生长，而蒙古高原的西南部阿拉善地区降水量少，土壤干旱不利于植被生长，造成 NDVI 偏低。

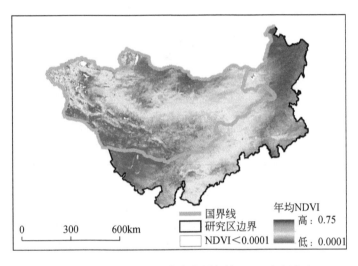

图 3.24　1982～2015 年蒙古高原年均 NDVI 空间分布

本研究为研究 1982～2015 年蒙古高原 NDVI 空间变化特征，通过 IDL 编程实现对 1982～2015 年年均 NDVI 影像进行趋势分析和显著性检验。由 1982～2015 年蒙古高原 NDVI 变化趋势空间分布（图 3.25）可知，NDVI 整体呈增加趋势，呈增加趋势的地区面积占研究区总面积的 62.17%，其中 NDVI 增加较快的区域主要位于蒙古高原的北部和东南部，如大兴安岭的西部和东南部、阴山山脉的东南部以及萨彦岭等地区；而 NDVI 减少较快的区域主要位于蒙古高原的东北部和西北部，如大兴安岭、肯特山脉的南部和阿尔泰山脉等地区，呈减少趋势的地区面积占研究区总面积的 37.83%。

图 3.26 为对蒙古高原 NDVI 变化趋势进行显著性检验的结果，本研究将 NDVI 变化趋势显著性划分 3 个等级，分别为减少不显著、增加不显著和显著增加，划分标准如表 3.8 所示。根据 NDVI 显著性空间分布和分类表，蒙古高原 NDVI 呈减少不显著的区域主要位于蒙古高原的东部和西部，如大兴安岭、阴山山脉的东北部、肯特山脉的南部、阿尔泰山脉等地区，其面积占研究区总面积的 37.83%；NDVI 呈增加不显著趋势的区域零星分布于蒙古高原的大部分地区，其面积占研究区总面积的 28.13%；NDVI 呈显著增加趋势的区域主要位于蒙古高原的北部、东部和南部，如大兴安岭的东南部、肯特山脉的东部和阴山山脉的南部等地区，其面积占研究区总面积的 34.04%。

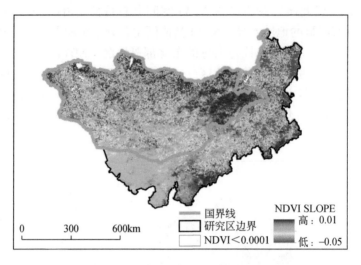

图 3.25 1982~2015 年蒙古高原 NDVI 变化趋势空间分布

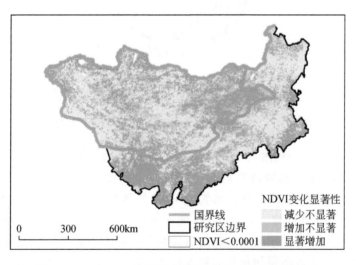

图 3.26 1982~2015 年蒙古高原 NDVI 变化显著性检验

表 3.8 1982~2015 年蒙古高原 NDVI 变化趋势分类表　　　　（单位:%）

变化趋势	检验标准（双尾，$\alpha=0.05$）	面积比例
减少不显著	SLOPE<0，$t \leqslant t_\alpha$	37.83
增加不显著	SLOPE>0，$t \leqslant t_\alpha$	28.13
显著增加	SLOPE>0，$t > t_\alpha$	34.04

3.5.2 生长季开始时间

植被生长季开始时间即植被的返青期一般是指植被越冬后，由黄色变为绿色，恢复生长的时间。对返青期进行时空分析有利于了解植被返青生长的状况，对安排农业、畜牧业等方面有指导作用。本研究基于累计 NDVI 的 Logistic 曲线曲率极值法对遥感影像 GIMMS NDVI 进行处理，提取出蒙古高原植被各年返青期。

3.5.2.1 生长季开始时间时间变化特征

本研究利用 ENVI 统计分析功能提取出蒙古高原 1982～2015 年各年年均返青期，绘制出年均返青期的变化曲线。根据图 3.27，蒙古高原草地植被的年均返青期呈提前趋势，以 0.457d/10a（$R^2 = 0.02$）的速率减少，其中 1985 年、1990 年、1993 年、1997 年、2003 年、2010 年年均返青期处于年均返青期变化曲线的极大值，1993 年年均返青期为最大值，为 123 天，1986 年、1991 年、1996 年、2001 年、2009 年、2014 年年均返青期处于年均返青期变化曲线的极小值，2009 年年均返青期为最小值，为 109 天。

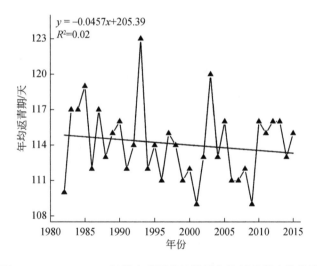

图 3.27　1982～2015 年蒙古高原草地植被年均返青期变化曲线

根据蒙古高原草甸草原年均返青期的变化曲线［图 3.28（a）］，草甸草原年均返青期呈提前趋势，以 0.044d/10a（$R^2 = 0.0003$）的速率减少，其中 1985 年、1993 年、2004 年、2010 年、2013 年年均返青期处于年均返青期变化曲线的极大值，1993 年年均返青期为最大值，为 127 天，1986 年、1994 年、1998 年、2002 年、2007 年、2014 年年均返青期处于年均返青期变化曲线的极小值，1998 年和 2002 年年均返青期为最小值，为 118 天。

根据蒙古高原典型草原年均返青期的变化曲线［图 3.28（b）］，典型草原年均返青期呈提前趋势，以 1.013d/10a（$R^2 = 0.06$）的速率减少，其中 1983 年、1987 年、1993 年、1997 年、2003 年、2012 年年均返青期处于年均返青期变化曲线的极大值，1993 年年均返青期为最大值，为 134 天，1986 年、1996 年、1999 年、2006 年、2014 年年均返青期处于年均返青期变化曲线的极小值，2006 年年均返青期为最小值，为 117 天。

根据蒙古高原荒漠草原年均返青期的变化曲线［图 3.28（c）］，荒漠草原年均返青期呈现提前趋势，以 0.952d/10a（$R^2=0.02$）的速率减少，其中 1985 年、1993 年、1998 年、2003 年、2012 年年均返青期处于年均返青期变化曲线的极大值，1993 年和 2003 年年均返青期为最大值，为 118 天，1986 年、1991 年、1995 年、2001 年、2009 年年均返青期处于年均返青期变化曲线的极小值，2001 年年均返青期为最小值，为 90 天。

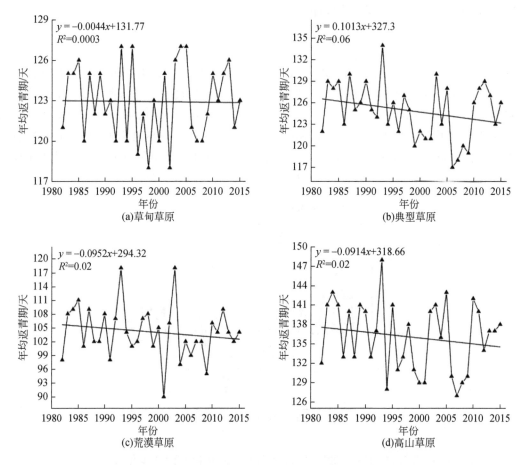

图 3.28　1982～2015 年蒙古高原草甸草原、典型草原、荒漠草原、高山草原年均返青期变化曲线

根据蒙古高原高山草原年均返青期的变化曲线［图 3.28（d）］，高山草原年均返青期呈提前趋势，以 0.914d/10a（$R^2=0.02$）的速率减少，其中 1984 年、1989 年、1993 年、1998 年、2005 年、2010 年年均返青期处于年均返青期变化曲线的极大值，1993 年年均返青期为最大值，为 148 天，1986 年、1991 年、1994 年、2000 年、2007 年、2012 年年均返青期处于年均返青期变化曲线的极小值，2007 年年均返青期为最小值，为 127 天。

3.5.2.2　生长季开始时间空间分布特征

本研究利用 IDL 对 1982～2015 年各年年均返青期影像进行计算，得到多年年均返青期空间分布、多年返青期空间变化趋势和显著性水平。本研究依据蒙古高原植被返青期实际状况，对返青期进行间隔10天的分类，分类结果分别是4月之前、4月上旬、4月中旬、4月下旬、5月上旬、5月中旬、5月下旬和5月之后。

根据图3.29，植被返青期出现在4月之前的区域主要分布在蒙古高原的西南部，如内蒙古的阿拉善盟等地区，其面积占研究区总面积的14.48%；返青期出现在4月上旬的区域主要分布在蒙古高原的中部和东北部，如蒙古国的东戈壁省和南戈壁省以及内蒙古的呼伦贝尔市北部等地区，其面积占研究区总面积的10.02%；返青期出现在4月中旬的区域主要分布在蒙古高原的东部大兴安岭和南部呼包鄂地区等，其面积占研究区总面积的15.44%；返青期出现在4月下旬的区域主要分布在蒙古高原的中部杭爱山脉、阿尔泰山脉以及东南部，如内蒙古的通辽市、赤峰市、锡林郭勒盟的南部等地区，其面积占研究区总面积的20.25%；返青期出现在5月上旬的区域主要分布在蒙古高原北部，如肯特山脉、杭爱山脉的北部以及大兴安岭的西部等地区，其面积占研究区总面积的20.53%；返青期出现在5月中旬的区域主要分布在蒙古高原的北部，如杭爱山脉、萨彦岭的南部和大兴安岭西部等地区，其面积占研究区总面积的13.81%；返青期出现在5月下旬的区域主要分布在蒙古高原的西北部，如杭爱山脉的西北部等地区，其面积占研究区总面积的2.88%；返青期出现在5月之后的区域主要分布在蒙古高原的西北部，如萨彦岭、杭爱山脉和阿尔泰山脉等地区，其面积占研究区总面积的2.59%。

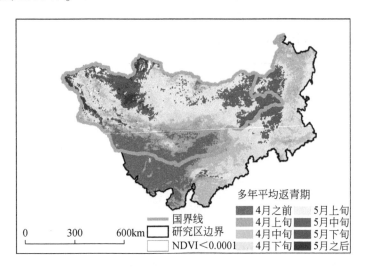

图3.29　1982～2015年蒙古高原多年平均返青期空间分布

根据图3.30，植被返青期呈提前趋势，呈提前趋势的地区面积占研究区总面积的56.05%，主要分布于蒙古高原的中部和西南部，如杭爱山脉、萨彦岭和阿拉善的西部等地区；而植被返青期呈推迟趋势的地区主要分布于蒙古高原的东北部和东南部，如大兴安岭的北部和呼包鄂等地区，呈推迟趋势的地区面积占研究区总面积的43.95%。

本研究将植被返青期变化显著性检验结果分为三类，分别为提前不显著、推迟不显著和显著推迟，分类标准如表3.9所示。植被返青期变化呈提前不显著趋势的地区广泛分布

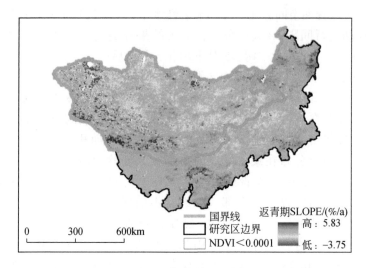

图 3.30　1982～2015 年蒙古高原返青期空间变化趋势

于蒙古高原的中部和西南部（图 3.31），如大兴安岭的中部、肯特山脉、杭爱山脉、萨彦岭和阿拉善等地区，其面积占研究区总面积的 56.05%；植被返青期变化呈推迟不显著趋势的地区主要分布于蒙古高原的东北部和南部，如大兴安岭的北部、阴山山脉和戈壁阿尔泰山等地区，其面积占研究区总面积的 32.42%；植被返青期变化呈显著推迟趋势的地区主要分布于蒙古高原的东北部和东南部，如大兴安岭的北部以及东南部、阴山山脉的东南部等地区，其面积占研究区总面积的 11.53%。

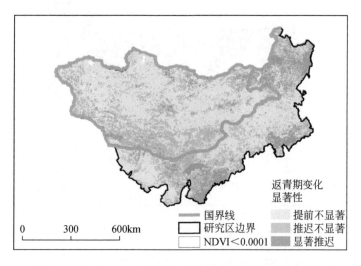

图 3.31　1982～2015 年蒙古高原返青期变化显著性检验

表 3.9　1982～2015 年蒙古高原返青期变化趋势分类表　　　　　（单位：%）

变化趋势	检验标准（双尾，$\alpha=0.05$）	面积比例
提前不显著	SLOPE<0，$t<t_{\alpha}$	56.05

续表

变化趋势	检验标准（双尾，$\alpha=0.05$）	面积比例
推迟不显著	SLOPE>0，$t<t_\alpha$	32.42
显著推迟	SLOPE>0，$t>t_\alpha$	11.53

3.5.3 生长季结束时间

植被生长季结束时间即植被的枯黄期一般是指植被停止生长或枯黄的时间。对枯黄期进行时空分析，有助于了解研究区植被枯黄变化情况，在安排牲畜越冬工作，防范灾害发生等方面有帮助。本研究基于累计 NDVI 的 Logistic 曲线曲率极值法对遥感影像 GIMMS NDVI 进行处理，提取出蒙古高原草地植被各年枯黄期。

3.5.3.1 生长季结束时间时间变化特征

本研究利用 ENVI 统计分析功能提取出蒙古高原植被 1982～2015 年各年年均枯黄期，绘制出植被年均枯黄期的变化曲线。根据图 3.32，蒙古高原植被年均枯黄期 1982～2015 年呈现提前趋势，以 0.985d/10a（$R^2=0.10$）的速率减少，其中 1984 年、1993 年、1999 年、2007 年植被年均枯黄期为年均枯黄期变化曲线的极大值，1993 年植被年均枯黄期为最大值，为 282 天，1988 年、2002 年、2009 年植被年均枯黄期为年均枯黄期变化曲线的极小值，2009 年植被年均枯黄期为最小值，为 267 天。

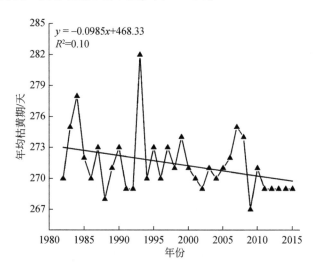

图 3.32 1982～2015 年蒙古高原植被年均枯黄期变化曲线

根据蒙古高原草甸草原年均枯黄期的变化曲线［图 3.33（a）］，草甸草原年均枯黄期呈现提前趋势，以 0.426d/10a（$R^2=0.03$）的速率减少，其中 1983 年、1993 年、2001 年、2007 年、2011 年草甸草原年均枯黄期为年均枯黄期变化曲线的极大值，1993 年和

2001 年年均枯黄期为最大值，为 273 天，1988 年、1992 年、1998 年、2002 年、2009 年年均枯黄期为年均枯黄期变化曲线的极小值，1992 年、2002 年和 2009 年年均枯黄期为最小值，为 266 天。

根据蒙古高原典型草原年均枯黄期的变化曲线 [图 3.33 （b）]，典型草原年均枯黄期呈提前趋势，以 0.802d/10a（$R^2 = 0.06$）的速率减少，其中 1984 年、1987 年、1993 年、1997 年、2007 年、2011 年年均枯黄期为年均枯黄期变化曲线的极大值，1993 年年均枯黄期为最大值，为 275 天，1986 年、1992 年、2002 年、2009 年、2014 年年均枯黄期为年均枯黄期变化曲线的极小值，2009 年年均枯黄期为最小值，为 263 天。

根据蒙古高原荒漠草原年均枯黄期的变化曲线 [图 3.33 （c）]，荒漠草原年均枯黄期呈提前趋势，以 1.899d/10a（$R^2 = 0.15$）的速率减少，其中 1984 年、1993 年、2003 年、2008 年年均枯黄期为年均枯黄期变化曲线的极大值，1993 年年均枯黄期为最大值，为 291 天，1988 年、1996 年、2001 年和 2009 年年均枯黄期为年均枯黄期变化曲线的极小值，2001 年年均枯黄期为最小值，为 269 天。

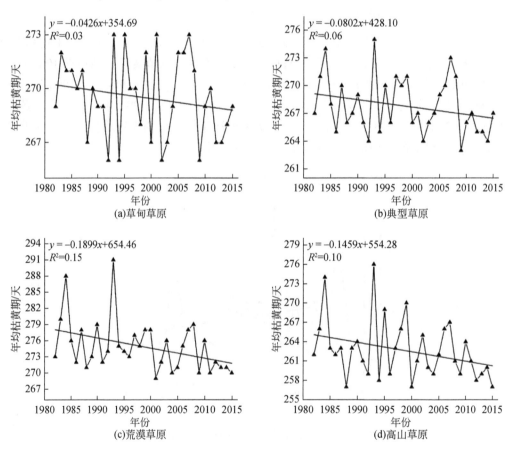

图 3.33　1982～2015 年蒙古高原草甸草原、典型草原、荒漠草原、高山草原年均枯黄期变化曲线

根据蒙古高原高山草原年均枯黄期的变化曲线 [图3.33（d）]，高山草原年均枯黄期呈提前趋势，以 1.459d/10a（$R^2=0.10$）的速率减少，其中1984年、1993年、1999年、2007年年均枯黄期为年均枯黄期变化曲线的极大值，1993年年均枯黄期为最大值，为276天，1988年、1994年、2000年、2012年年均枯黄期为年均枯黄期变化曲线的极小值，1988年和2000年年均枯黄期为最小值，为257天。

3.5.3.2　生长季结束时间空间分布特征

本研究利用 IDL 语言对 1982～2015年各年植被枯黄期影像进行处理，得到植被多年年均枯黄期空间分布和多年枯黄期空间变化趋势以及显著性检验结果。本研究依据蒙古高原植被枯黄期情况，对枯黄期进行间隔5天的分类，分别为9月之前、9月1～5日、9月6～10日、9月11～15日、9月16～20日、9月21～25日、9月26～30日、10月1～5日、10月6～10日、10月10日之后。

根据图3.34，蒙古高原植被枯黄期出现在9月之前的区域主要分布在蒙古高原的西北部，如杭爱山脉和阿尔泰山脉等地区，其面积占研究区总面积的0.65%；植被枯黄期出现在9月1～5日的区域主要分布在蒙古高原的西北部，如阿尔泰山脉的西部等地区，其面积占研究区总面积的0.16%；植被枯黄期出现在9月6～10日的区域主要分布在蒙古高原的西北部，如阿尔泰山脉、杭爱山脉和萨彦岭的北部等地区，其面积占研究区总面积的0.51%；植被枯黄期出现在9月11～15日的区域主要分布在蒙古高原的西北部，如阿尔泰山脉、杭爱山脉和萨彦岭等地区，其面积占研究区总面积的1.26%；植被枯黄期出现在9月16～20日的区域主要分布在蒙古高原的北部，如杭爱山脉、萨彦岭、肯特山脉的东部和大兴安岭的西部等地区，其面积占研究区总面积的5.42%；植被枯黄期出现在9月21～25日的区域主要分布在蒙古高原的北部，如肯特山脉与大兴安岭之间的地区、杭爱山脉的东部等地区，其面积占研究区总面积的24.04%；植被枯黄期出现在9月26～30日的区域主要分布在蒙古高原的东南部，如锡林郭勒盟的南部、呼包鄂地区等，其面积占研究区总面积的22.55%；植被枯黄期出现在10月1～5日的区域主要分布在蒙古高原的东部和南部，如内蒙古的通辽和赤峰市、鄂尔多斯市和阿拉善的北部等地区，其面积占研究区总面积的24.31%；植被枯黄期出现在10月6～10日的区域主要分布在蒙古高原的东北部和西南部，如内蒙古的呼伦贝尔市和阿拉善盟等地区，其面积占研究区总面积的18.79%；植被枯黄期出现在10月10日之后的区域主要分布在蒙古高原的北部，如肯特山脉和大兴安岭的北部等地区，其面积占研究区总面积的2.31%。

根据图3.35，蒙古高原植被枯黄期整体呈提前趋势，呈提前趋势的地区面积占研究区总面积的68.06%，广泛分布于蒙古高原的东部、中部、西南部和西部，如大兴安岭的西部、肯特山脉的南部、阴山山脉的北部和阿尔泰山脉等地区；植被枯黄期呈推迟趋势的地区主要分布于蒙古高原的北部、东部和东南部，如杭爱山脉、肯特山脉、大兴安岭的东南部和阴山山脉的东南部等地区，其面积占研究区总面积的31.94%。

本研究根据植被枯黄期变化显著性检验结果，将显著性结果划分为三类，分别为提前不显著、推迟不显著和显著推迟，分类标准如表3.10所示。根据图3.36，植被枯黄期变化呈提前不显著趋势的地区广泛分布于蒙古高原的东部、中部、西南部和西部，如大兴安

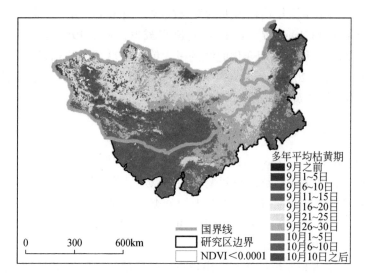

图 3.34　1982～2015 年蒙古高原植被多年平均枯黄期空间分布

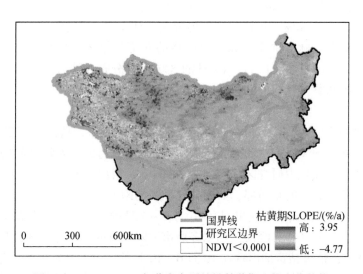

图 3.35　1982～2015 年蒙古高原植被枯黄期空间变化趋势

岭的西部、肯特山脉的南部、阴山山脉的北部和阿尔泰山脉等地区，其面积占研究区总面积的 68.06%；植被枯黄期变化呈推迟不显著趋势的地区主要分布在蒙古高原的北部、东部和东南部，如肯特山脉、杭爱山脉、萨彦岭的南部、阴山山脉的东南部等地区，其面积占研究区总面积的 26.20%；植被枯黄期变化呈显著推迟趋势的地区主要分布在蒙古高原的北部和东南部，如杭爱山脉的东北部、肯特山脉和阴山山脉的东南部等地区，其面积占研究区总面积的 5.74%。

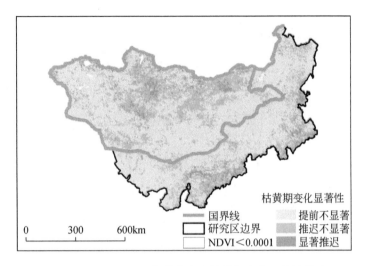

图 3.36 1982～2015 年蒙古高原枯黄期变化显著性检验

表 3.10 1982～2015 年蒙古高原植被枯黄期变化趋势分类表 （单位:%）

变化趋势	检验标准（双尾，$\alpha = 0.05$）	面积比例
提前不显著	SLOPE<0，$t \leqslant t_\alpha$	68.06
推迟不显著	SLOPE>0，$t \leqslant t_\alpha$	26.20
显著推迟	SLOPE>0，$t > t_\alpha$	5.74

3.5.4 生长季长度

生长季长度表示植被一个自然年内生长的时间，分析生长季长度时空分布特征，有助于了解研究区植被生长的状况。本研究对植被生长季长度的定义为，植被返青期到枯黄期的时间间隔，因此生长季长度受到返青期和枯黄期的同时影响。

3.5.4.1 生长季长度时间变化特征

本研究利用 ENVI 计算出蒙古高原植被 1982～2015 年各年年均生长季长度，绘制出年均生长季长度的变化曲线。图 3.37 为蒙古高原植被年均生长季长度的变化曲线，可以看出，植被年均生长季长度呈现出缩短趋势，以 0.544d/10a（$R^2 = 0.03$）的速率缩短，其中 1984 年、1999 年、2007 年、2014 年植被年均生长季长度为年均生长季长度变化曲线的极大值，2007 年植被年均生长季长度为最大值，为 164 天，1985 年、1992 年、1998 年、2003 年、2012 年植被年均生长季长度为年均生长季长度变化曲线的极小值，2003 年植被年均生长季长度为最小值，为 150 天。

根据蒙古高原草甸草原年均生长季长度变化曲线［图 3.38（a）］，草甸草原年均生长季长度呈缩短趋势，以 0.303d/10a（$R^2 = 0.01$）的速率缩短，其中 1986 年、1990 年、

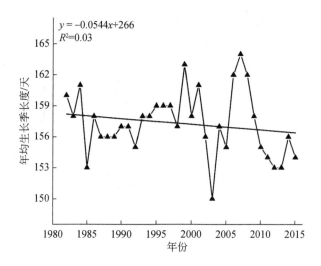

图 3.37 1982~2015 年蒙古高原植被年均生长季长度变化曲线

1996 年、2001 年、2007 年、2011 年草甸草原植被年均生长季长度为年均生长季长度变化曲线的极大值，2007 年年均生长季长度为最大值，为 154 天，1985 年、2000 年、2003 年、2013 年草甸草原植被年均生长季长度为年均生长季长度变化曲线的极小值，2003 年和 2013 年植被年均生长季长度为最小值，为 141 天。

根据蒙古高原典型草原年均生长季长度变化曲线［图 3.38（b）］，典型草原年均生长季长度呈缩短趋势，以 0.552d/10a（$R^2 = 0.03$）的速率缩短，其中 1984 年、1999 年、2007 年典型草原植被年均生长季长度为年均生长季长度变化曲线的极大值，1999 年植被年均生长季长度为最大值，为 150 天，1985 年、2003 年、2012 年典型草原植被年均生长季长度为年均生长季长度变化曲线的极小值，2003 年年均生长季长度为最小值，为 136 天。

根据蒙古高原荒漠草原年均生长季长度变化曲线［图 3.38（c）］，荒漠草原年均生长季长度呈缩短趋势，以 0.86d/10a（$R^2 = 0.03$）的速率缩短，其中 1984 年、1991 年、1999 年、2008 年、2014 年草甸草原植被年均生长期为年均生长季长度变化曲线的极大值，1984 年植被年均生长季长度为最大值，为 180 天，1985 年、1992 年、1998 年、2003 年、2012 年草甸草原植被年均生长季长度为年均生长季长度变化曲线的极小值，2003 年植被年均生长季长度为最小值，为 158 天。

根据蒙古高原高山草原年均生长季长度变化曲线［图 3.38（d）］，高山草原年均生长季长度呈缩短趋势，以 0.639d/10a（$R^2 = 0.01$）的速率缩短，其中 1984 年、1991 年、1999 年、2007 年、2012 年草甸草原植被年均生长季长度为年均生长季长度变化曲线的极大值，2007 年植被年均生长季长度为最大值，为 140 天，1985 年、1989 年、2005 年、2011 年草甸草原植被年均生长季长度为年均生长季长度变化曲线的极小值，2005 年植被年均生长季长度为最小值，为 119 天。

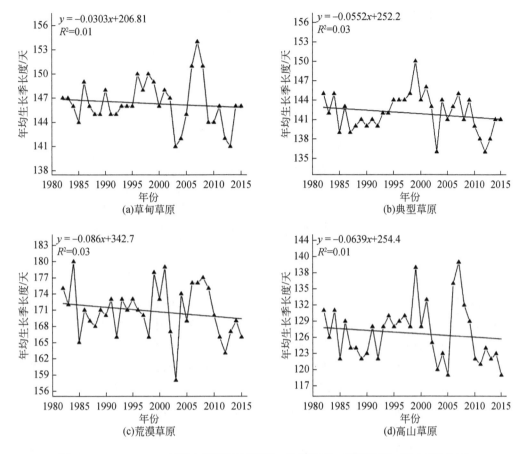

图 3.38　1982～2015 年蒙古高原草甸草原、典型草原、荒漠草原、高山草原年均
生长季长度变化曲线

3.5.4.2　生长季长度空间分布特征

利用 ENVI 软件，在像元尺度上将同一年份的枯黄期减去返青期，从而得到相应年份的生长季长度，以此获得 1982～2015 年各年的生长季长度影像，本研究将 1982～2015 年的生长季长度影像进行算数平均，从而获得 1982～2015 年的蒙古高原平均生长季长度影像，结果如图 3.39 所示。本研究根据蒙古高原植被生长季长度情况，对生长季长度进行间隔 10 天的分类，分别为 0～100 天、100～110 天、110～120 天、120～130 天、130～140 天、140～150 天、150～160 天、160～170 天、170～180 天和 180 天以上。

根据图 3.39，草地植被生长季长度在 0～100 天的区域主要分布在蒙古高原的西北部，如萨彦岭的北部、阿尔泰山脉的西北部等地区，其面积占研究区总面积的 1.45%；植被生长季长度在 100～110 天的区域主要分布在蒙古高原的西北部，如阿尔泰山脉的西北部、杭爱山脉等地区，其面积占研究区总面积的 1.16%；植被生长季长度在 110～120 天的区域主要分布在蒙古高原的西北部，如杭爱山脉的北部等地区，其面积占研究区总面积的 1.88%；植被生长季长度在 120～130 天的区域主要分布在蒙古高原的西北部和东北部，

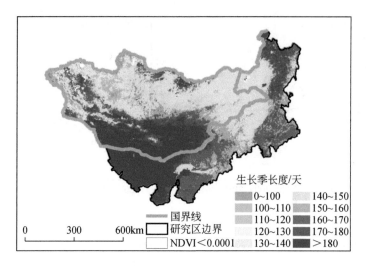

图 3.39　1982～2015 年蒙古高原多年平均生长季长度空间分布

如杭爱山脉和大兴安岭的西部等地区，其面积占研究区总面积的 5.23%；植被生长季长度在 130～140 天的区域主要分布在蒙古高原的北部，如肯特山脉的东部和大兴安岭的西部等地区，其面积占研究区总面积的 16.40%；植被生长季长度在 140～150 天的区域主要分布在蒙古高原的北部，如杭爱山脉的东部、肯特山脉的南部和大兴安岭的西南部等地区，其面积占研究区总面积的 13.59%；植被生长季长度在 150～160 天的区域主要分布在蒙古高原的东南部，如阴山山脉的东部、杭爱山脉的东部和大兴安岭的东部等地区，其面积占研究区总面积的 13.38%；植被生长季长度在 160～170 天的区域主要分布在蒙古高原的东南部，如大兴安岭的东南部和阴山山脉的东南部等地区，其面积占研究区总面积的 14.38%；植被生长季长度在 170～180 天的区域主要分布在蒙古高原的中部和东北部，如大兴安岭的北部、阴山山脉和戈壁阿尔泰山等地区，其面积占研究区总面积的 8.84%；植被生长季长度在 180 天以上的区域主要分布在蒙古高原的东北部和西南部，如大兴安岭的北部、肯特山脉的北部和西部等地区，其面积占研究区总面积的 23.69%。

根据图 3.40 和图 3.41，草地植被生长季长度整体呈缩短趋势，呈缩短趋势的地区面积占研究区总面积的 58.45%，广泛分布于蒙古高原的东部、南部和西部，如大兴安岭、阿尔泰山脉的南部和阴山山脉等地区；植被生长季长度呈延长趋势的区域主要位于蒙古高原的北部，如杭爱山脉、萨彦岭的南部和肯特山脉等地区，呈延长趋势的地区面积占研究区总面积的 41.55%。

本研究根据植被生长季长度变化显著性检验结果，将显著性划分为三类，分别为缩短不显著、延长不显著和显著延长，分类标准如表 3.11 所示。根据图 3.41，植被生长季长度整体呈缩短趋势，呈缩短趋势的地区面积占研究区总面积的 58.45%，广泛分布于蒙古高原的东部、南部和西部，如大兴安岭、阿尔泰山脉的南部和阴山山脉等地区；植被生长季长度呈延长不显著趋势的区域主要分布在蒙古高原的北部，如大兴安岭的南部、肯特山脉的南部和杭爱山脉等地区，其面积占研究区总面积的 26.85%；植被生长季长度呈显著延长趋势的区域主要分布在蒙古高原的北部和东部，如大兴安岭的东部、肯特山脉、杭爱山脉的西北部和萨彦岭的南部等地区，其面积占研究区总面积的 14.70%。

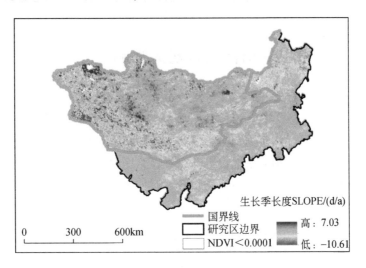

图 3.40　1982～2015 年蒙古高原生长季长度空间变化趋势

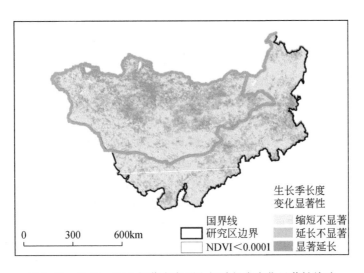

图 3.41　1982～2015 年蒙古高原生长季长度变化显著性检验

表 3.11　1982～2015 年蒙古高原生长季长度变化趋势分类表　　　（单位:%）

变化趋势	检验标准（双尾，$\alpha=0.05$）	面积比例
缩短不显著	SLOPE<0，$t \leqslant t_\alpha$	58.45
延长不显著	SLOPE>0，$t \leqslant t_\alpha$	26.85
显著延长	SLOPE>0，$t > t_\alpha$	14.70

3.6 蒙古高原雪深变化对草地植被物候影响

3.6.1 蒙古高原雪深对植被返青期的影响

3.6.1.1 蒙古高原雪深与植被返青期的相关性

本研究依据蒙古高原草甸草原、典型草原、荒漠草原和高山草原的地理分布，在蒙古高原整体雪深基础上提取出相应草地植被的雪深，其中草甸草原雪深、典型草原雪深、荒漠草原雪深和高山草原雪深均表现出减少趋势，然后进行相应雪深与草地植被返青期的相关性分析，结果如表 3.12 所示。

表 3.12 1982~2015 年蒙古高原雪深与植被返青期的相关性

返青期	雪深	
	R	P
植被返青期	0.29	0.09
草甸草原返青期	0.47	0.005
典型草原返青期	0.49	0.003
荒漠草原返青期	0.13	0.46
高山草原返青期	0.14	0.42

蒙古高原雪深与植被返青期的相关系数 $R=0.29$（$P>0.05$），研究区植被返青期最早出现在 4 月之前，积雪在 3 月已发生融化，造成雪深减少，1982~2015 年雪深的减少使得积雪融化后更容易被植被根部吸收，为植被返青提供了充足的水分，从而造成了植被返青期提前。在 4 种主要草地中，草甸草原雪深与返青期相关系数 $R=0.47$（$P<0.01$），典型草原雪深与返青期的相关系数 $R=0.49$（$P<0.01$），均呈显著正相关，荒漠草原雪深与返青期的相关系数 $R=0.13$（$P>0.05$），高山草原雪深与返青期的相关系数 $R=0.14$（$P>0.05$），均呈不显著正相关。

3.6.1.2 蒙古高原雪深与植被返青期的空间相关性

根据图 3.42 和表 3.13，蒙古高原雪深与植被返青期整体呈正相关（$R>0$），呈正相关的区域面积占研究区总面积的 72.75%，并且主要分布于蒙古高原的北部。由蒙古高原雪深空间分布可知，北部是雪深高值区，1982~2015 年雪深的减少使得积雪融化后更易被草地植被根部吸收，使得植被返青期提前发生。雪深与植被返青期呈不显著正相关（$R>0$，$P\geq0.05$）的区域主要分布在蒙古高原的北部和东北部，如杭爱山脉、肯特山脉和大兴安岭等地区，其面积占研究区总面积的 33.36%；雪深与植被返青期呈显著正相关（$R>0$，$P<0.05$）的区域主要分布在蒙古高原的中部，如大兴安岭的西部、戈壁阿尔泰山和杭爱山

脉的西北部等地区，其面积占研究区总面积的39.39%；雪深与植被返青期呈不显著负相关（$R<0$，$P\geq0.05$）的区域较少，只零星分布于蒙古高原的西北部和西南部，其面积占研究区总面积的0.37%；雪深与植被返青期呈显著负相关（$R<0$，$P<0.05$）的区域主要分布在蒙古高原的西南部和东南部，如阴山山脉和大兴安岭的东南部等地区，其面积占研究区总面积的26.88%，该区域是雪深低值区，雪深少于10mm，较少的积雪融化后无法为植被返青提供充足的水分，限制了草地植被的返青。

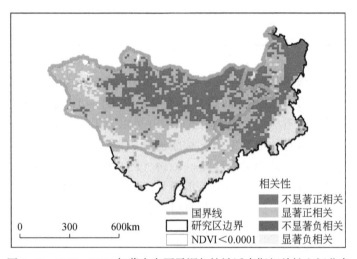

图3.42　1982~2015年蒙古高原雪深与植被返青期相关性空间分布

表3.13　1982~2015年蒙古高原雪深与植被返青期相关性分类　　（单位：%）

相关性	分类标准	面积比例
不显著正相关	$R>0$，$P\geq0.05$	33.36
显著正相关	$R>0$，$P<0.05$	39.39
不显著负相关	$R<0$，$P\geq0.05$	0.37
显著负相关	$R<0$，$P<0.05$	26.88

3.6.2　蒙古高原雪深对植被枯黄期的影响

3.6.2.1　蒙古高原雪深与植被枯黄期的相关性

本研究依据蒙古高原草甸草原、典型草原、荒漠草原和高山草原的地理分布，在蒙古高原整体雪深基础上提取出相应草地植被的雪深，其中草甸草原雪深、典型草原雪深、荒漠草原雪深和高山草原雪深均表现出减少趋势，然后进行相应雪深与草地植被枯黄期的相关性分析，结果如表3.14所示。

表 3.14 1982～2015 年蒙古高原雪深与草地植被枯黄期的相关性

枯黄期	雪深	
	R	*P*
植被枯黄期	-0.01	0.97
草甸草原枯黄期	-0.14	0.44
典型草原枯黄期	-0.05	0.76
荒漠草原枯黄期	0.20	0.26
高山草原枯黄期	0.12	0.50

蒙古高原雪深与植被枯黄期的相关系数 $R = -0.01$（$P>0.05$），研究区每年 10 月开始出现积雪，10 月雪深少于 0.2mm，而植被枯黄期发生在 9～10 月，所以积雪与植被的联系主要分析植被枯黄期对雪深的影响，植被的枝叶可以为积雪遮蔽阳光，通过蒸发过程可以降低地表的热量，植被有效地避免了积雪的融化，有利于雪深的积累。在 4 种主要草地中，草甸草原雪深与枯黄期的相关系数 $R = -0.14$（$P>0.05$），典型草原雪深与枯黄期的相关系数 $R = -0.05$（$P>0.05$），均呈不显著负相关，荒漠草原雪深与枯黄期的相关系数 $R = 0.20$（$P>0.05$），高山草原雪深与枯黄期的相关系数 $R = 0.12$（$P>0.05$），减少的积雪融化后不能为植被生长提供充足的水分，土壤水分的减少、干旱胁迫等因素造成植被枯黄期提前。

3.6.2.2 蒙古高原雪深与植被枯黄期的空间相关性

根据图 3.43 和表 3.15，蒙古高原雪深与植被枯黄期整体呈负相关（$R<0$），呈负相关的区域占研究区总面积的 50.11%。雪深与草地植被枯黄期呈不显著负相关（$R<0$，$P \geqslant 0.05$）的区域主要零星分布于蒙古高原的北部，如肯特山脉的南部和东部等地区，其面积占研究区总面积的 1.51%；雪深与草地植被枯黄期呈显著负相关（$R<0$，$P<0.05$）的区

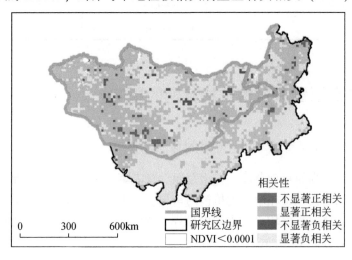

图 3.43 1982～2015 年蒙古高原雪深与植被枯黄期相关性空间分布

域主要分布在蒙古高原的南部和东南部，如阴山山脉、大兴安岭的东南部和肯特山脉的南部等地区，其面积占研究区总面积的 48.60%；雪深与草地植被枯黄期呈不显著正相关（$R>0$，$P \geqslant 0.05$）的区域主要零星分布于蒙古高原西部和东北部，如戈壁阿尔泰山和大兴安岭等地区，其面积占研究区总面积的 2.63%；雪深与草地植被枯黄期呈显著正相关（$R<0$，$P<0.05$）的区域主要分布在蒙古高原的西部和东部，如杭爱山脉、阿尔泰山脉、肯特山脉的南部和大兴安岭及其西部等地区，其面积占研究区总面积的 47.26%。结合雪深变化趋势图和植被枯黄期变化趋势图，雪深与植被枯黄期呈正相关的区域主要分布在雪深增加、枯黄期提前或雪深减少、枯黄期推迟的区域，由此可以看出，雪深对植被枯黄期的影响较弱，植被枯黄期的变化可能受温度的影响较显著。

表 3.15　1982～2015 年蒙古高原雪深与植被枯黄期相关性分类　　（单位：%）

相关性	分类标准	面积比例
不显著正相关	$R>0$，$P \geqslant 0.05$	2.63
显著正相关	$R>0$，$P<0.05$	47.26
不显著负相关	$R<0$，$P \geqslant 0.05$	1.51
显著负相关	$R<0$，$P<0.05$	48.60

3.6.3　蒙古高原雪深对植被生长季长度的影响

3.6.3.1　蒙古高原雪深与植被生长季长度的相关性

本研究依据蒙古高原草甸草原、典型草原、荒漠草原和高山草原的地理分布，在蒙古高原整体雪深基础上提取出相应草地植被的雪深，其中草甸草原雪深、典型草原雪深、荒漠草原雪深和高山草原雪深均表现出减少趋势，然后进行相应雪深与草地植被生长季长度的相关性分析，结果如表 3.16 所示。

表 3.16　1982～2015 年蒙古高原雪深与植被生长季长度的相关性

生长季长度	雪深	
	R	P
植被生长季长度	−0.30	0.08
草甸草原生长季长度	−0.34	0.13
典型草原生长季长度	−0.28	0.34
荒漠草原生长季长度	0.01	0.94
高山草原生长季长度	−0.04	0.83

蒙古高原雪深与草地植被生长季长度的相关系数 $R=-0.30$（$P>0.05$），呈不显著负相关，在 4 种主要草地中，草甸草原雪深与生长期的相关系数 $R=-0.34$（$P>0.05$），典型草原雪深与生长季长度的相关系数 $R=-0.28$（$P>0.05$），荒漠草原雪深与生长季长度的相关系数 $R=0.01$（$P>0.05$），高山草原雪深与生长季长度的相关系数 $R=-0.04$（$P>0.05$），均呈不显著相关性。草地植被生长季长度等于返青期与枯黄期的时间间隔，雪深对植被生长季长度的影响主要通过对返青期和枯黄期的影响来体现，雪深的减少造成植被返青期提前，但对植被枯黄期的影响较弱，因此雪深对植被生长季长度的影响也没有通过显著性检验。

3.6.3.2 蒙古高原雪深与植被生长季长度的空间相关性

根据图 3.44 和表 3.17，蒙古高原雪深与草地植被生长季长度整体呈负相关（$R<0$），呈负相关的区域面积占研究区总面积的 75.57%，分布于蒙古高原的中部和东部。雪深与草地植被生长季长度呈不显著负相关（$R<0$，$P \geqslant 0.05$）的区域主要分布在蒙古高原北部，如杭爱山脉的东北部、肯特山脉和大兴安岭等地区，其面积占研究区总面积的 29.28%；雪深与草地植被生长季长度呈显著负相关（$R<0$，$P<0.05$）的区域主要分布在蒙古高原的南部和东南部，如阴山山脉和大兴安岭的东南部等地区，其面积占研究区总面积的 46.29%；雪深与草地植被生长季长度呈不显著正相关（$R>0$，$P \geqslant 0.05$）的区域主要分布在蒙古高原的西南部，如阿拉善盟的西部等地区，其面积占研究区总面积的 1.41%；雪深与草地植被生长季长度呈显著正相关（$R>0$，$P<0.05$）的区域主要分布在蒙古高原的西部，如阿尔泰山脉和戈壁阿尔泰山等地区，其面积占研究区总面积的 23.02%。结合雪深变化趋势图和生长期变化趋势图，雪深与植被生长期季长度呈负相关的区域主要分布在雪深增加、植被生长季长度缩短或雪深减少、植被生长季长度延长的地区，由此可以看出，雪深对植被生长季长度的影响较弱，植被生长季长度的变化可能受温度的影响较显著。

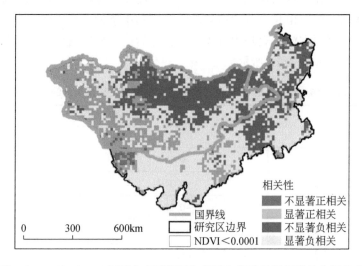

图 3.44　1982~2015 年蒙古高原雪深与植被生长季长度相关性空间分布

表 3.17　1982～2015 年蒙古高原雪深与植被生长季长度相关性分类　（单位:%）

相关性	分类标准	面积比例
不显著正相关	$R>0$，$P\geq0.05$	1.41
显著正相关	$R>0$，$P<0.05$	23.02
不显著负相关	$R<0$，$P\geq0.05$	29.28
显著负相关	$R<0$，$P<0.05$	46.29

3.7　结　论

本研究利用 SMMR、SSM/I 和 SSMIS 雪深数据和 GIMMS NDVI 遥感数据，对 1982～2015 年蒙古高原雪深和草地植被物候进行时空变化分析，并利用相关性分析等方法探讨雪深对草地植被物候的影响，利用国产卫星 FY-3B 的亮温数据，结合野外固定观测点雪深数据，建立基于国产卫星 FY-3B 的适合于内蒙古草原牧区的雪深反演模型，并分析雪深的时空变化及其影响因素。主要结论如下。

1）蒙古高原雪深分布具有明显的地域性，随纬度升高而逐渐增加，西南部雪深低值区只有 0.1mm，北部雪深高值区超过 86mm。受温度升高和降水量（$P<0.05$）减少的影响，雪深以 0.496mm/10a（$R^2=0.01$）的速率减少，呈减少趋势的区域面积占 61.52%，主要位于蒙古高原中部，呈增加趋势的区域面积占 38.48%，呈显著增加趋势的区域面积占 5.36%，主要位于大兴安岭的中东部。一个积雪季节内，10 月～翌年 2 月为雪深增加阶段，2～3 月为雪深减少阶段。

2）植被 NDVI 从西南向东北逐渐增加，阿拉善地区 NDVI<0.1，大兴安岭北部地区 NDVI>0.7。1982～2015 年 NDVI 以 0.002/10a（$R^2=0.10$）的速率增加，呈增加趋势的区域面积占 62.17%，呈显著增加趋势的区域面积占 34.04%，主要位于大兴安岭东南部、肯特山脉东部和阴山山脉南部等地区，有 37.83% 的区域 NDVI 呈减少趋势，主要位于阴山山脉东北部、肯特山脉南部和阿尔泰山脉等地区。草甸草原 NDVI 以 0.003/10a（$R^2=0.10$）的速率增加，典型草原 NDVI 以 0.003/10a（$R^2=0.10$）的速率增加，荒漠草原 NDVI 以 0.000 006/10a（$R^2=0.000 002$）的速率增加，高山草原 NDVI 以 0.003/10a（$R^2=0.10$）的速率增加。

植被返青期集中出现于 4 月中旬～5 月上旬，然后是位于高海拔地区的植被出现在 5 月中下旬。植被返青期以 0.457d/10a（$R^2=0.02$）的速率呈提前趋势，呈提前趋势的区域面积占 56.05%，主要位于杭爱山脉、萨彦岭等地区，呈推迟趋势的区域面积占 43.95%，呈显著推迟的区域面积占 11.53%，主要位于大兴安岭北部、阴山山脉东南部等地区。草甸草原返青期以 0.044d/10a（$R^2=0.0003$）的速率提前，典型草原返青期以 1.013d/10a（$R^2=0.06$）的速率提前，荒漠草原返青期以 0.952d/10a（$R^2=0.02$）的速率提前，高山草原返青期以 0.914d/10a（$R^2=0.02$）的速率提前。

植被枯黄期最早出现于 9 月上旬的高海拔地区，集中出现于 9 月中旬～10 月上旬。植被枯黄期以 0.985d/10a（$R^2=0.10$）的速率呈提前趋势，呈提前趋势的区域面积占

68.06%，主要位于大兴安岭西部、肯特山脉南部等地区，呈推迟趋势的区域面积占31.94%，呈显著推迟趋势的区域面积占5.74%，主要位于杭爱山脉东北部、阴山山脉东南部等地区。草甸草原枯黄期以0.426d/10a（$R^2=0.03$）的速率提前，典型草原枯黄期以0.802d/10a（$R^2=0.06$）的速率提前，荒漠草原枯黄期以1.899d/10a（$R^2=0.15$）的速率提前，高山草原枯黄期以1.459d/10a（$R^2=0.10$）的速率提前。

植被生长季长度集中在110～170天。植被生长季长度以0.544d/10a（$R^2=0.03$）的速率呈缩短趋势，呈缩短趋势的区域面积占58.45%，主要分布于大兴安岭、阿尔泰山脉南部和阴山山脉等地区，呈延长趋势的区域面积占41.55%，呈显著延长趋势的区域面积占14.70%，主要分布于大兴安岭东部、肯特山脉和萨彦岭南部等地区。草甸草原生长期以0.303d/10a（$R^2=0.01$）的速率缩短，典型草原生长期以0.552d/10a（$R^2=0.03$）的速率缩短，荒漠草原生长期以0.86d/10a（$R^2=0.03$）的速率缩短，高山草原生长期以0.639d/10a（$R^2=0.01$）的速率缩短。

3）雪深减少后融化的雪水更易被地表植被吸收，造成植被返青期提前，雪深与植被返青期的相关系数为0.29，呈正相关的区域面积占72.75%，主要位于北部雪深高值区，呈显著正相关的区域面积占39.39%。草甸草原雪深与返青期和典型草原雪深与返青期的相关系数分别为0.47（$P<0.01$）和0.49（$P<0.01$），呈显著正相关，荒漠草原雪深与返青期和高山草原雪深与返青期的相关系数分别为0.13（$P>0.05$）和0.14（$P>0.05$）。

积雪对植被枯黄期影响不明显，是因为蒙古高原植被枯黄期发生在9～10月，而积雪在10月时仍然很少，这一时期主要分布植被通过蒸发等过程降低地表温度而保护积雪。植被生长季长度是返青期和枯黄期的时间间隔，积雪由于对植被枯黄期的影响较弱，对植被生长季长度的影响也不显著。结合雪深变化趋势图、植被枯黄期变化趋势图和植被生长季长度变化趋势图，植被枯黄期提前的地区与雪深增加的地区相对应，植被生长季长度缩短的地区与雪深增加的地区相对应，因此植被枯黄期和生长季长度出现变化可能主要受温度的影响。

4）利用国产卫星FY-3B的亮温数据建立的内蒙古草原牧区的雪深反演模型的拟合相关系数R^2为0.59，精度验证的均方根误差为3.12cm，平均相对误差为18%。模型反演雪深与观测雪深有较好的一致性。

5）利用模型对内蒙古草原牧区2012年12月中旬～2013年1月上旬雪深变化进行一个月连续监测的结果表明，随着降雪量的不断累积，原始的低雪深面积覆盖度分布逐渐向高雪深过渡，并且高雪深分布的面积占主导地位。雪深在20.0cm以上的区域面积显著增加，增加的面积为59 200km^2，空间范围从新巴尔虎左旗、鄂温克族自治旗、东乌珠穆沁旗东北部、西乌珠穆沁旗和锡林浩特市南部扩大到锡林郭勒草原全境和呼伦贝尔草原东部。监测雪深变化与气象部门同时期气象站点的降雪量有很好的一致性。

第4章 | 蒙古高原 1982～2019 年土壤水分时空变化及其对草地植被物候影响

4.1 数据与方法

4.1.1 数据源与预处理

4.1.1.1 土壤水分数据

为了分析蒙古高原土壤水分的时空变化及其对草地植被物候的影响，本研究选择全球陆面数据同化系统（Global Land Data Assimilation System，GLDAS）产生的土壤水分产品数据，数据的空间分辨率和时间分辨率分别为 0.25° 和 3 h。垂直深度选取 0～10cm、10～40cm，土壤水分值单位为 kg/m²，即单位面积土壤含水量。本研究需要将站点数据与 GLDAS 土壤水分产品数据的量纲统一转换为单位体积土壤含水量（m³/m³）。由于数据产品的土壤层厚度不同，为了使不同深度土壤层的研究具有比较性，在此基础上以 0～10cm 土壤水分值为参考，将 10～40cm 土壤水分值乘以 1/3 并进行归一化处理（程善俊等，2013）。

站点资料选用中国农作物生长发育和农田土壤水分旬值数据集和国际土壤水分网络（International Soil Moisture Network，ISMN）提供的 37 个具有代表性的观测数据（Albergel, et al.，2012）。ISMN 数据库是目前用于验证和改进全球卫星产品以及地表、气候和水文模型的重要手段，因此可用于土壤水分的验证。

4.1.1.2 植被物候数据

蒙古高原物候数据选用的是美国国家航空航天局发布的第三代产品数据集 GIMMS NDVI 数据，该数据空间分辨率和时间分辨率分别为 8km 和 15 天，时间范围为 1982～2015 年。美国地质勘探局提供的 MOD13A1 NDVI 数据，空间分辨率和时间分辨率分别为 500m 和 16 天，时间范围为 2001～2019 年。将植被多年平均 NDVI 小于 0.08 的地区（无植被区）进行掩模，其不参与研究（Bao et al.，2014）。

通过线性回归分析方法，对两种数据进行时间序列重建，将数据重采样至一个时空尺度上，空间分辨率为 8 km，时间分辨率为 15 天。利用重合时间（2001～2015 年）的 GIMMS NDVI 和 MODIS NDVI 进行建模，基于建模结果对 GIMMS 数据进行延长，获取 1982～2019 年 NDVI 数据。通过 MATLAB 软件利用累计 NDVI 的 Logistic 曲线曲率极值法提取研究区的植被物候参数,包括植被返青期、植被枯黄期和植被生长期 3 个物候参数。

4.1.1.3 气象数据

研究区温度、降水数据采用英国东英格利亚大学气候研究中心集合了全球 4000 多个站点的气象数据而构建的一套覆盖面积大、分辨率高、观测全面的地表月平均气象因子数据集。空间上以 0.5° 的经纬网覆盖全球的陆地,时间范围为 1901~2019 年。对温度、降水数据进行空间插值处理,使其空间分辨率与土壤水分数据保持一致,并且根据季节的划定,设定研究区域的季节分别是春季(3~5 月)、夏季(6~8 月)、秋季(9~11 月)、冬季(12 月~翌年 2 月)。

4.1.2 研究方法

4.1.2.1 线性回归分析

在统计学中,线性回归是利用称为线性回归方程的最小平方函数对一个或多个自变量和因变量之间的关系进行建模的一种回归分析(Guo et al.,2014)。这种函数是一个或多个称为回归系数的模型参数的线性组合(曾凤等,2019)。本研究使用该方法选择 GIMMS NDVI 和 MODIS NDVI 两组数据中的一部分数据进行建模,为之后两组数据融合奠定基础。

本研究所用回归模型为

$$\hat{G} = \hat{b} \times M + \hat{a} + \varepsilon \tag{4-1}$$

式中,$\hat{G}$ 为预测的 GIMMS NDVI;M 为 MODIS NDVI;$\hat{a}$、$\hat{b}$ 为回归参数;ε 为残差。

$$\hat{b} = \frac{\sum_{i=1}^{n} M_i G_i - n \overline{M} \, \overline{G}}{\sum_{i=1}^{n} M_i^2 - n \overline{M}^2} \tag{4-2}$$

$$\hat{a} = \overline{G} - \hat{b} \overline{M} \tag{4-3}$$

式中,M_i、G_i 分别为 MODIS NDVI、GIMMS NDVI 数据的第 i 月最大值;$\overline{M}$、$\overline{G}$ 分别为两种 NDVI 月数据的平均值;n 为月数。

4.1.2.2 趋势分析

(1)SLOPE 趋势法

趋势分析法是一种通过对随时间变化的变量进行线性回归分析,从而预测其变化趋势的方法(孟祥金,2019)。该方法可以模拟逐像元的变化趋势,通过对单个像元时间变化特征进行分析,反映整个时空格局的演变规律。本研究使用该方法分析土壤水分以及植被物候参数在空间上的变化趋势。其公式如下:

$$\text{SLOPE} = \frac{n \sum_{i=1}^{n} (i Q_i) - \sum_{i=1}^{n} i \sum_{i=1}^{n} Q_i}{n \sum_{i=1}^{n} i^2 - \left(\sum_{i=1}^{n} i\right)^2} \tag{4-4}$$

式中，SLOPE 为研究时间区间内土壤水分或物候参数的趋势变化率；i 为年份的数量；n 为时间序列的长度；Q_i 为第 i 年的土壤水分值或物候参数值。

（2）Mann-Kendall 方法

Mann-Kendall（M-K）是常用于分析气候要素变化趋势和突变的方法之一，它的优势在于适用范围较宽，人为影响因素较少，定量化程度较高，可采用 M-K 方法研究土壤水分多年的变化状态和突变时间（李百超等，2011）。M-K 方法通过构造一组序列来检验样本序列的变化趋势和突变。本研究利用 M-K 检验分析 1982～2019 年土壤水分发生突变的年份。其公式如下：

$$d_k = \sum_{j=1}^{k} \sum_{i=1}^{j-1} a_{ij}, k = 1,2,3,\cdots,n \quad (4-5)$$

其中，

$$a_{ij} = \begin{cases} 1, x_i > x_j \\ 0, x_i \leqslant x_j \end{cases}, 1 \leqslant j \leqslant i$$

定义统计量：

$$UF_K = \frac{(d_k - E(d_k))}{\sqrt{Var(d_k)}}, 1 \leqslant k \leqslant n \quad (4-6)$$

其中，

$$E(d_k) = \frac{k(k-1)}{4}, Var(d_k) = \frac{k(k-1)(2k+5)}{72}, 2 \leqslant k \leqslant n$$

此时，UF_K 服从标准分布。对样本序列反向构成序列 UB_K，再重复以上的计算过程，使 $UF_K = -UB_K$，分别绘出 UF_K 和 UB_K 曲线图。UF_K 的正（负）说明序列呈上升（下降）趋势，当它们超过临界线时（临界值 $u_{0.05} = \pm1.96$），说明变化趋势较为显著，超出临界线的范围就是突变发生的时间区间。如果 UF_K 和 UB_K 在临界线之间存在交叉点，则该点的时间就是突变开始的时刻。

（3）线性倾向估计

y_i、t_i 分别代表样本量为 n 的某个气候要素及其相对应的时刻，y_i 与 t_i 间的一元线性回归方程具体如下：

$$y_i = a + bt_i (i=1,2,\cdots,n) \quad (4-7)$$

式中，回归参数 a、b 可以用最小二乘法进行估计。其中，b 为倾向值，$b \times 10a$ 为气候倾向率，即每 10 年气候要素 y_i 的变化率。b 的正负代表该变量随时间呈上升或下降的趋势，b 的绝对值大小代表气候要素随时间变化的速率（孙佳，2008）。

本研究使用该方法分析土壤水分年际和季节变化速率，降水量和温度的年际变化速率，以及返青期、枯黄期、生长期的时间变化速率。

4.1.2.3 相关分析

（1）皮尔逊相关分析

皮尔逊相关系数广泛用于度量两个变量之间的相关程度，其值介于 -1～1。本研究可以通过计算二者的相关系数来检验土壤水分与植被物候参数之间的相互关系。本研究主要利用该方法分析土壤水分与降水量、温度的相互关系以及土壤水分与不同草地植被返青期、枯黄期、生长期的相关性。公式如下：

$$r_{xy} = \frac{\sum_{i=1}^{n}(x_i - \bar{x})(y_i - \bar{y})}{\sqrt{\sum_{i=1}^{n}(x_i - \bar{x})^2}\sqrt{\sum_{i=1}^{n}(y_i - \bar{y})^2}} \tag{4-8}$$

式中，r_{xy} 为变量 x 与 y 的相关系数；x_i、y_i 分别为第 i 年或月的土壤水分值或气候要素值；$\bar{x}$、$\bar{y}$ 分别为研究区土壤水分或气候要素的多年或多月平均值。

（2）时滞相关分析

基于相关系数模型进一步分析不同层土壤水分与植被物候参数之间的相互关系（包春兰和陈华根，2020）。利用相关系数计算公式，计算前 1~6 月及当月土壤水分与植被物候影响的相关系数，取相关系数最大值的月份来确定时滞。本研究主要利用该方法分析不同层土壤水分对不同草地植被返青期、枯黄期和生长期影响的滞后性。公式如下：

$$R = \max\{R_0, R_1, R_2, \cdots, R_{n-1}, R_n\} \tag{4-9}$$

式中，R 为滞后相关系数；R_0、R_1、R_2、$\cdots$、R_{n-1}、R_n 分别为植被物候参数与同期、季前第 1 个月、季前第 2 个月直至季前第 n 个月的相关系数；n 为样本数。

4.1.2.4 累计 NDVI 的 Logistic 曲线曲率极值法

累计 NDVI 的 Logistic 曲线曲率极值法是最常用的函数拟合法之一（孙秀云，2020），是通过对一段时间 NDVI 时间序列曲线进行拟合来代替实际的 NDVI 时间序列曲线，并根据曲线的特征确定植被的物候期，从而反映植被物候变化规律。

$$y(t) = \frac{c}{1+e^{a+bt}}+d \tag{4-10}$$

$$K = \frac{d\alpha}{ds} = -\frac{b^2 cz(1-z)(1+z)^3}{[(1+z)^4+(bcz)^2]^{\frac{3}{2}}} \tag{4-11}$$

$$z = e^{a+bt} \tag{4-12}$$

式中，t 为儒略日（一年为 365 天，1 月 1 日为第 1 天，1 月 2 日为第 2 天，以此类推）；$y(t)$ 为累计 NDVI，这个值与时间 t 相对应，通过累计 NDVI 的 Logistic 曲线拟合得到；d 通常为背景值 NDVI，通过分析一年内所有 NDVI 数据，选择其中的最小值作为背景值；a、b、c 为拟合参数；d 为 NDVI 背景值；z 为与时间 t 有关的指数函数，用于描述随时间变化的某个现象或过程。这样定义 z 是为了简化公式中关于时间 t 的复杂表达式。通过计算曲线曲率 K，根据曲线曲率极值法，提取研究区逐年逐像元上的极大值和极小值，这两个值分别代表植被返青期和枯黄期。

4.1.2.5 多源 NDVI 数据融合法

基于 MODIS NDVI 数据对 GIMMS NDVI 数据进行延长的主要原理是利用 MODIS 和 GIMMS 重合时间的 NDVI 数据，首先将数据重采样至同一空间尺度上，然后选取一部分数据采用线性回归方法进行建模，再利用剩余的数据对模型进行验证，基于建模结果对

GIMMS 数据进行延长。相关研究已对两种数据进行一致性检验，结果显示相关系数超过 0.70，表明两种数据具有高度相关性，可以满足数据融合的要求。

本研究利用该方法将 1982～2015 年的 GIMMS NDVI 和 2001～2019 年的 MODIS NDVI 数据进行融合，其目的是对 1982～2019 年的长时序 NDVI 数据进行研究。

4.2　蒙古高原土壤水分特征及变化趋势

为了提高研究蒙古高原土壤水分的准确性，首先对土壤水分产品数据进行精度验证，确定 GLDAS 数据可以较准确地模拟蒙古高原土壤水分的时空变异性，然后利用 GLDAS 数据分析蒙古高原的时间变化特征和空间分布特征。

在时间变化特征分析方面，主要从 3 个角度进行分析。首先，分析蒙古高原土壤水分年际变化特征，主要是分析 1982～2019 年土壤水分年平均值的变化情况、不同时段土壤水分变化趋势情况以及通过 M-K 检验分析突变年份。其次，分析蒙古高原土壤水分季节变化特征，主要是分析 1982～2019 年不同季节土壤水分变化特征及其变化趋势。最后，分析 1982～2019 年蒙古高原土壤水分年内变化特征。

在空间分布特征分析方面，主要从两个角度进行分析。首先，分析 1982～2019 年蒙古高原的多年平均土壤水分的空间分布格局。其次，利用趋势分析法分析土壤水分变化趋势的空间分析。

4.2.1　土壤水分产品数据的精度验证

由于大尺度的土壤水分的时空异质性和动态变化性较为复杂，地面测量相对困难，通常选择地表类型单一且地形起伏度较小的观测点的平均值作为主要数据源。为了保证验证数据的质量，对非晴空条件下以及受冰冻影响的冬季观测数据进行了剔除，一共选取了 37 个站点数据（图 4.1），对不同季节 0～10cm 层 GLDAS 土壤水分产品数据进行了精度验证，不同站点平均相关系数（R^2）为 0.7014，RMSE 为 0.0285，平均绝对误差（MEN）为 0.0211（图 4.2）。此结果与宋海清等（2016）对 GLDAS 土壤水分数据在内蒙古的评估结果相近，这表明 GLDAS 数据可以较准确地模拟蒙古高原土壤水分的时空变异性，可以进一步用于相关研究。

4.2.2　土壤水分时间变化特征

4.2.2.1　土壤水分年际变化特征

分析 1982～2019 年蒙古高原土壤水分年平均值的变化情况，从图 4.3（a）可知，表层土壤（SM1）土壤水分值呈微弱增加的趋势，多年的变化速率为 $0.002\text{m}^3/(\text{m}^3 \cdot 10\text{a})$（$P>0.05$）。具体来看，2003 年、2010 年、2013 年、2016 年和 2018 年的土壤水分值较高；2006 年、2007 年的土壤水分值较低。1982～2000 年，土壤水分值的变化趋势相对平稳，

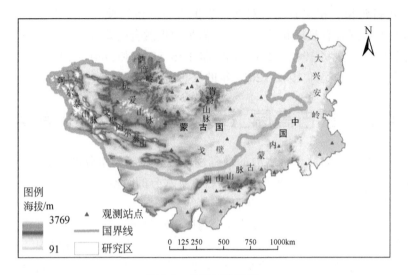

图 4.1　研究区高程图

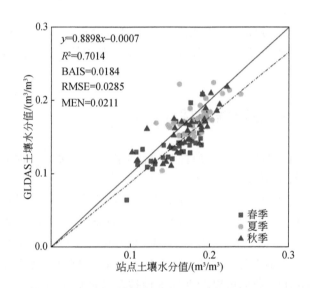

图 4.2　GLDAS 土壤水分数据与站点土壤水分数据精度验证

整体上以 0.002m³/（m³·10a）的速率缓慢下降，但这一趋势并不显著。相比之下，2001～2019 年，土壤水分值的波动幅度显著增大，并呈现出明显的上升趋势，变化速率加快至 0.005m³/（m³·10a）。根据 M-K 趋势和突变检验结果［图 4.3（b）］，土壤水分值增加趋势较为明显的年份为 1982～1986 年、1990～1992 年、1993～1996 年和 2013～2019 年，其余年份土壤水分值呈减少趋势。并且 UF 与 UB 曲线在临界线之间有 4 个交点，分别为 1984 年、2012 年、2014 年和 2015 年。通过滑动 T 检验进一步分析表明 SM1 土壤水分值的突变时间发生在 2012 年左右。

　　由 1982～2019 年深层土壤（SM2）土壤水分的多年变化趋势［图 4.4（a）］可知，SM2 土壤水分值整体呈明显的减少趋势，其变化速率为 -0.004m³/（m³·10a）（$P<0.05$）。

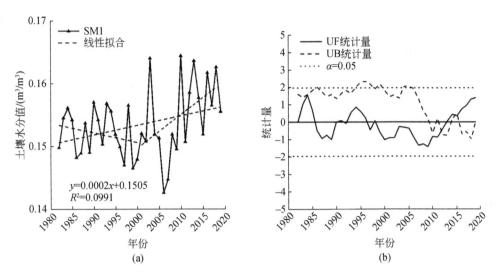

图 4.3 1982～2019 年蒙古高原 SM1 土壤水分年际变化特征（a）及 M-K 检验（b）

其中，1994 年、2019 年的土壤水分值较高；而 2001～2002 年、2006～2008 年的土壤水分值较低。在 1982～2000 年，土壤水分值的变化趋势相对温和，变化速率为 -0.003m³/（m³·10a），显示出微弱的下降趋势。然而，2001～2019 年，土壤水分值发生了显著变化，波动幅度明显增大，并且整体呈现出明显的上升趋势，变化速率为 0.017m³/（m³·10a）。从 M-K 趋势检验结果［图 4.4（b）］可以看出，SM2 土壤水分值除 1982～1986 年、1993～1997 年表现为增加的趋势，其余年份均为减少的趋势。2002～2019 年 UF 曲线超出显著性水平线，表明土壤水分值减少趋势较为明显。M-K 突变检验显示，UF 曲线与 UB 曲线在临界线之间有 1 个交点，表明 SM2 土壤水分值的突变时间发生在 1996 年左右。

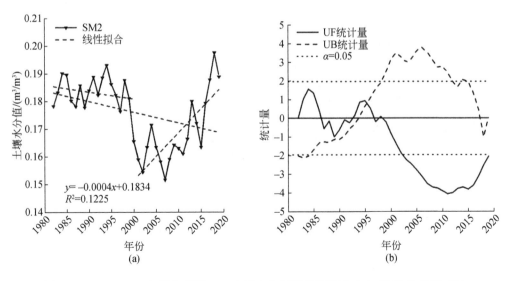

图 4.4 1982～2019 年蒙古高原 SM2 土壤水分年际变化特征（a）及 M-K 检验（b）

4.2.2.2 土壤水分季节变化特征

从1982~2019年蒙古高原多年土壤水分的季节变化特征（图4.5）可以发现，SM1土壤水分在不同季节的变化情况有明显差异。春季，土壤水分值以 0.008m³/(m³·10a) 的速率呈明显的增加趋势，这可能与春季积雪的大量融化和季节性冻土的消融有关 [图4.5 (a)]。夏季，土壤水分值以–0.002m³/(m³·10a) 的速率呈不明显的减少趋势，这与降水量的变化趋势一致，植被生长的消耗以及陆面的蒸发导致干旱-半旱区降水量小于潜在蒸发量 [图4.5 (b)]。秋季，土壤水分值表现出微弱减少的趋势，变化速率为–0.001m³/(m³·10a) [图4.5 (c)]。冬季，土壤水分多年的变化速率为0.002m³/(m³·10a)，表现为明显的增加趋势，这可能是由于冬季降雪之后大量的积雪导致表层土壤水分值增加 [图4.5 (d)]。

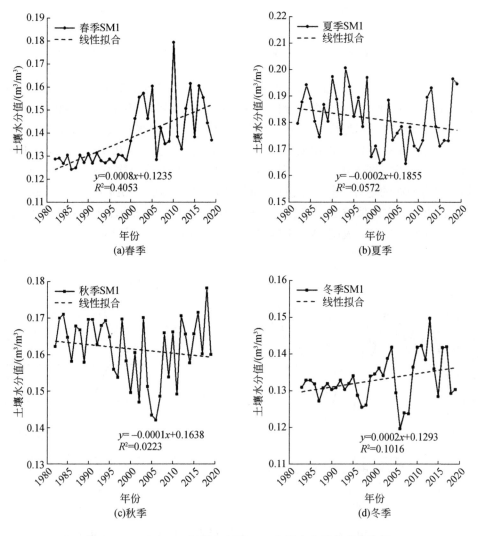

图4.5 1982~2019年蒙古高原SM1土壤水分季节变化特征

进一步分析 1982～2019 年蒙古高原多年深层土壤水分的季节变化规律，从图 4.6 可以看出，不同季节 SM2 土壤水分变化情况存在较好的一致性，都表现为减少的趋势。其中，春季和夏季的土壤水分值的变化速率均为 $-0.003\text{m}^3/(\text{m}^3\cdot 10\text{a})$，呈减少趋势，但趋势不明显 [图 4.6（a）、（b）]。秋季和冬季土壤水分值的减少趋势较为明显，变化速率均为 $-0.005\text{m}^3/(\text{m}^3\cdot 10\text{a})$ [图 4.6（c）、（d）]。具体分析，深层土壤水分值多年的变化趋势主要分为两个阶段：1982～2000 年，各季节土壤水分值的变化幅度较小，整体呈现出减少的趋势；2001～2019 年，各季节土壤水分值的变化幅度较大，整体表现为增加的趋势。深层土壤水分的年代性差异变化与气候变化有很大的关系，所以它的变化规律也可以为未来气候的预测提供一定的科学依据。

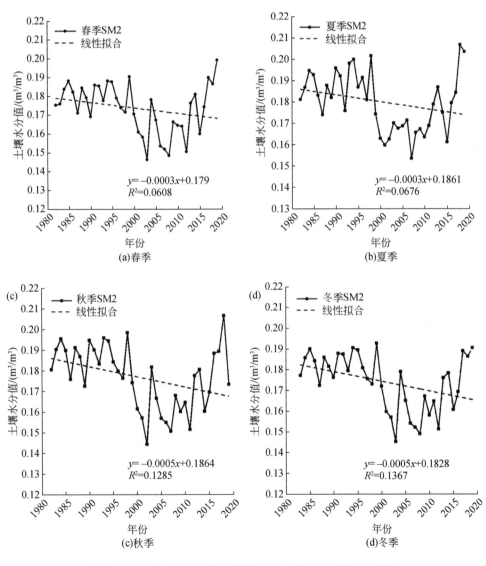

图 4.6　1982～2019 年蒙古高原 SM2 土壤水分季节变化特征

4.2.2.3 土壤水分年内变化特征

分析1982～2019年蒙古高原土壤水分的年内变化特征（图4.7）。发现SM1与SM2土壤水分值变化趋势较为一致，SM1土壤水分值介于0.12～0.19m³/m³，SM2土壤水分值介于0.16～0.18m³/m³。由于SM1土壤水分值对外界因素的影响较为敏感，因此SM1土壤水分值年内的变动更为剧烈。1～2月研究区内部土壤整体比较干燥，土壤水分值较低。3月，由于温度逐渐回升，研究区内部的积雪不断融化，土壤水分值略微增加。4月，伴随着温度的全面回升，研究区内部的积雪和季节性冻土不断消融，土壤水分值整体增加。5月，研究区植被处于全面返青的状态，土壤水被大量消耗，此时降水量较少并且蒸发量增大会导致土壤水分值持续减少。7～8月，伴随着雨季的来临，研究区土壤水分值整体增加，到8月左右达到最大值。9月，随着来源于北冰洋的水汽以及东亚季风的削减，研究区的土壤水分值开始减少。10月，研究区内部温度逐渐下降，局部地区的土壤会出现冻结的现象，土壤水分值降低。11～12月，研究区迎来了寒冷的冬季，在蒙古高压和西伯利亚寒潮的影响下，研究区内部寒冷干燥，土壤水分值也随之减少。

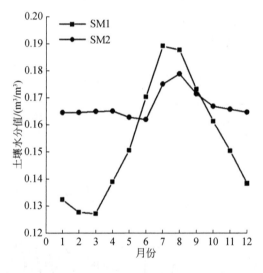

图4.7 蒙古高原土壤水分年内变化特征

4.2.3 土壤水分空间分布特征

4.2.3.1 多年年均土壤水分空间分布

具体分析1982～2019年蒙古高原的多年平均土壤水分的空间分布格局（图4.8），研究区土壤水分总体分布表现出由北向南、由东北向西南逐渐减少的趋势，并且呈现出蒙古高原外围土壤水分值相对较高，而蒙古高原内部土壤水分值相对较低的空间格局。如图4.8（a）所示，SM1土壤水分值高值区主要分布于阿尔泰山脉、杭爱山脉以北，萨彦岭东部的山间盆地以及肯特山的森林草原地区;内蒙古东部从大兴安岭森林覆盖区一直向南延伸到科尔沁沙地以及南部的河套平原灌溉区。这些地区土壤水分值介于 $0.22 \sim 0.30 \text{m}^3/\text{m}^3$。对于土壤水分的空间分布的过渡带,蒙古国土壤水分的空间分布过渡带主要分布于科布多省、后杭爱省、中央省、肯特省、东方省及苏赫巴托尔省北部;内蒙古土壤水分的空间分布过渡带主要分布于阿拉善的腾格里沙漠绿洲-鄂尔多斯高原-锡林郭勒草原。蒙古国土壤水分值低值区主要分布于蒙古国戈壁阿尔泰山地-巴彦洪戈尔省-南戈壁省-中戈壁省以及东戈壁省的荒漠草原;而内蒙古土壤水分值低值区主要分布在西部的巴丹吉林沙漠,最小值出现在阿拉善荒漠区,这些区域的土壤水分值介于 $0.05 \sim 0.12 \text{m}^3/\text{m}^3$。SM2 与 SM1 土壤水分值在空间分布上具有明显的一致性,但是 SM2 土壤层在蒙古高原中部的典型草原和荒漠草原土壤水分值较低,这可能是由于土壤质地与周边其他地区不同 [图4.8(b)]。可以看出,蒙古高原土壤水分空间分布格局受到土地覆盖类型的影响很大,同时可能受到蒙古高原四面环山的地理环境、海拔因素或下垫面的影响,如植被、地形、土壤性质等。

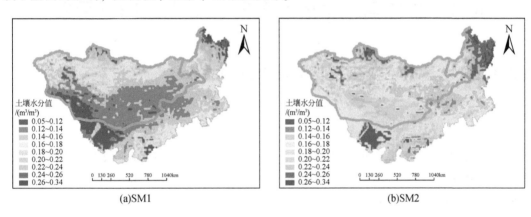

(a)SM1　　　　　　　　　　　　　　　　(b)SM2

图 4.8　1982~2019 年蒙古高原不同层土壤水分空间分布

4.2.3.2　土壤水分变化趋势空间分布

为了深入探究蒙古高原长时间序列土壤水分的年际变化(图4.9),利用趋势分析法分别对不同层土壤水分进行逐像元计算年际变化率。从图4.9(a)可以看出,研究区 SM1 土壤水分值整体上呈现增加趋势的地区面积占研究区总面积的 71.89%,其中呈显著增加趋势的地区面积占研究区总面积的 37.79%($P<0.05$),主要分布于阿尔泰山脉、杭爱山脉、肯特山脉、阴山山脉及东部大兴安岭等区域,这些地区的共同点是海拔高,被有森林或草原覆盖。SM2 土壤水分值整体上表现为减少趋势,呈减少趋势的地区面积占研究区总面积的 66.13%,其中 35.42% 呈显著减少趋势,主要分布于杭爱山脉北部、萨彦岭及科尔沁沙地等地区 [图4.9(b)]。

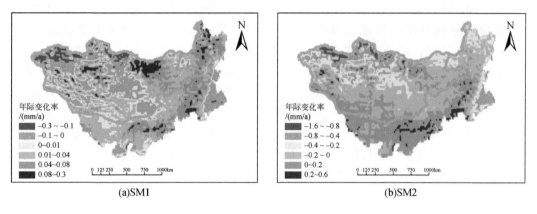

(a)SM1   (b)SM2

图 4.9 1982～2019 年蒙古高原不同层土壤水分年际变化率

4.3 蒙古高原土壤水分时空变化的影响因素

4.3.1 降水量时空变化及与土壤水分的关系

4.3.1.1 降水量时空变化特征

1982～2019 年蒙古高原年均降水量年际波动较大，整体呈不明显的下降趋势，结果表明 1982～2019 年降水量变化趋势为 4.54mm/10a（$P>0.05$），由图 4.10 可知，1982～2019 年蒙古高原多年年均降水量为 254.41mm，1998 年年均降水量最大，达到 321.99mm，2007 年年均降水量最小，达到 207.98mm。

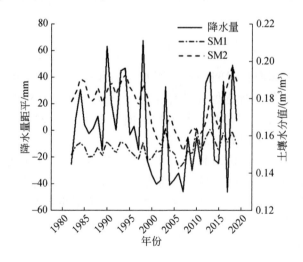

图 4.10 1982～2019 年蒙古高原土壤水分及降水量年际变化

整体而言，蒙古高原年均降水量呈东北部高西南部低的空间分布特征，表现出较明显的纬度地带性规律［图4.11（a）］。蒙古高原东北部和北部的多年年均降水量较高，介于414.754～615.147mm，而西南部降水量较低，年均降水量介于41.726～117.134mm。由图4.11（b）可知，1982～2019年，SLOPE最高值达到1.23mm/a，最低值为-2.27mm/a，存在明显的区域差异。1982～2019年，蒙古国中部、北部和东部以及内蒙古的东部、东北部地区年均降水量多年变化均呈减少的趋势（占69.1%）。蒙古高原北部、西南部地区年均降水量呈增加趋势（占30.9%）。

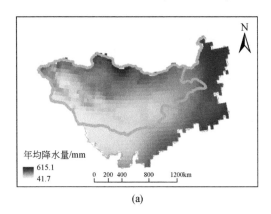

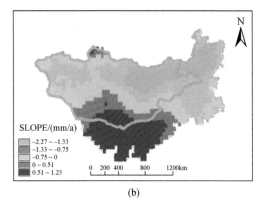

(a)   (b)

图4.11　1982～2019年蒙古高原年均降水量（a）及降水量空间变化趋势图（b）

4.3.1.2　降水量与土壤水分的关系

降水量作为影响土壤水分分布的重要气候因素之一，研究降水量的分布特征及其与土壤水分的关系，可以更好地了解蒙古高原土壤水分分布。由图4.12可知年累计降水量自西南部向西北部、东北部递增，其中西南部地区年累计降水量不足100mm；中部地区年累计降水量在100～375mm；东部、南部、北部和西北部的小部分地区年累计降水量介于375～615mm。本研究进一步了解蒙古高原多年平均土壤水分与降水量在空间上的相关性，并分析影响二者相关性的原因（图4.12）。SM1、SM2土壤水分值与降水量呈正相关的地区面积占研究区总面积的89.01%以上，包括蒙古高原中部的典型草原、东部的草甸草原及南部的荒漠草原，说明土壤水分对降水量有较好的响应关系。而土壤水分与降水量呈负相关的地区主要分布在蒙古高原的西部高山和中部的戈壁地区，这与该地区地形和土壤质地有紧密的联系。

4.3.2　温度时空变化及其与土壤水分的关系

4.3.2.1　温度时空变化特征

整体而言，1982～2019年蒙古高原年均温度呈不明显的上升趋势，结果表明1982～2019年温度变化趋势为0.36℃/10a（$P<0.05$），由图4.13可知，1982～2019年蒙古高原

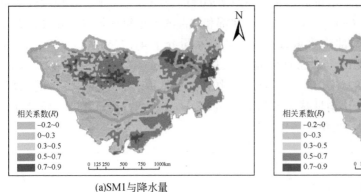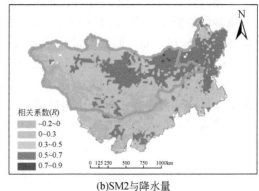

(a)SM1与降水量　　　　　　　　　　　　　　　(b)SM2与降水量

图 4.12　1982～2019 年蒙古高原土壤水分与降水量相关性空间分布

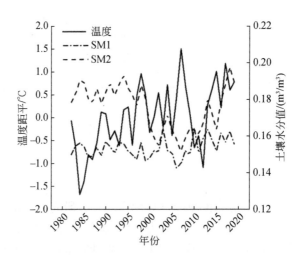

图 4.13　1982～2019 年蒙古高原土壤水分及温度年际变化

多年年均温度为 1.91℃，2007 年年均温度最高，达到 3.42℃，1984 年年均温度最低，达到 0.23℃。

对蒙古高原年均温度变化趋势的空间分布进行分析，整体而言，蒙古高原年均温度呈西南部、东南部高，西北部、东北部低的空间分布特征，表现出较明显的纬度地带性规律[图 4.14（a）]。蒙古高原西南部、东南部地区多年年均温度最高，介于 5.97～10.2℃；蒙古国西北部、内蒙古东北部等多年年均温度低于 0℃。由图 4.14（b）可知，1982～2019 年，SLOPE 最高值达到 0.052℃/a，最低值为 0.013℃/a，存在明显的区域差异。1982～2019 年，蒙古高原年均温度整体呈增加趋势，其中研究区中部和西部年均温度的增加趋势较为明显。

4.3.2.2　温度与土壤水分的关系

温度同样作为影响土壤水分的重要气候因素之一，分析温度的分布特征及其与土壤水

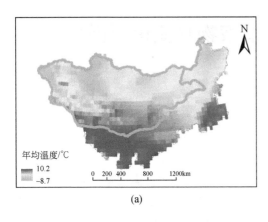

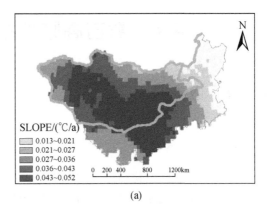

图 4.14   1982～2019 年蒙古高原年均温度（a）及空间变化趋势图（b）

分的关系，对研究蒙古高原土壤水分时空变化有重要意义。从图 4.15 可以看出，蒙古高原年均温度呈西南部、东南部高，西北部、东北部低的空间分布特征，年均温度整体呈增加趋势，与全球变暖趋势相吻合。本研究进一步了解蒙古高原多年年均土壤水分与温度在空间上的相关性，并分析影响二者相关性的原因（图 4.15）。结果表明，SM1 有 62.24%的地区土壤水分与温度呈负相关，主要分布于蒙古高原的西北部、中部和东南部等，如阿尔泰山脉、大兴安岭东麓、杭爱山脉与肯特山脉之间的盆地以及科尔沁沙地等。这些区域大多位于高海拔地区，温度较低，但由于受到积雪融化、冻土消融及植被类型等影响，土壤含水量不会很低。而科尔沁沙地温度较高，蒸发量较大，土壤含水量相对较低。在研究区的中部和南部的典型草原和荒漠草原，约有 37.76%的地区土壤水分与温度呈正相关，表明这些地区土壤水分与温度的变化一致，可能与降水量、土壤质地和植被覆盖类型有关。SM2 与温度相关性的空间分布与 SM1 大致相似，但在蒙古高原的中部典型草原和东部草甸草原，较 SM1 呈负相关的地区面积较大。

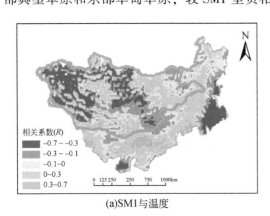

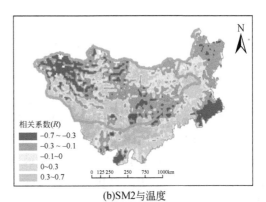

图 4.15   1982～2019 年蒙古高原土壤水分与温度相关性空间分布

4.4　蒙古高原草原植被物候变化特征

4.4.1　返青期

4.4.1.1　返青期时间变化特征

由 SOS 的时间变化趋势（图 4.16）可知，1982~2019 年蒙古高原草地植被 SOS 整体上呈显著提前的趋势，变化速率为 −1.094d/10a。SOS 范围为第 119~第 133 天。其中，2006 年、2009 年、2017 年、2019 年 SOS 较早，分别为第 120 天、第 121 天、第 119 天、第 120 天。而 1993 年、2003 年、2012 年 SOS 较晚，分别为第 133 天、第 132 天、第 131 天。

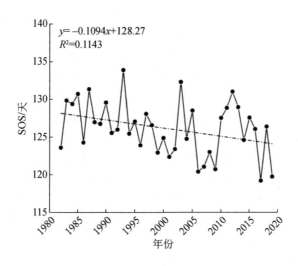

$$y = -0.1094x + 128.27$$
$$R^2 = 0.1143$$

图 4.16　1982~2019 年蒙古高原草地植被返青期（SOS）年际变化趋势

不同草地植被因气候环境条件不同，其物候特征存在显著的差异。图 4.17 为研究区 1982~2019 年不同草地植被 SOS 年际变化趋势。草甸草原 SOS 表现为明显的提前趋势，以 0.972d/10a 的速率提前，平均 SOS 为第 128 天，SOS 范围为第 119~第 133 天。其中，1998 年、2002 年、2016 年、2017 年、2018 年和 2019 年草甸草原 SOS 较早，1993 年、1995 年、2004 年和 2005 年草甸草原 SOS 较晚 [图 4.17（a）]。典型草原 SOS 以 1.318d/10a 的速率呈明显的提前趋势，平均 SOS 为第 130 天，SOS 范围为第 122~第 138 天。其中，2006 年、2007 年、2017 年和 2019 年典型草原 SOS 较早，1987 年、1993 年、2003 年和 2012 年典型草原 SOS 较晚 [图 4.17（b）]。荒漠草原 SOS 表现为提前趋势，以 0.741d/10a 的速率提前，平均 SOS 为第 110 天，SOS 范围为第 98~第 122 天。其中，2001 年、2004 年、2009 年和 2017 年荒漠草原 SOS 较早，1993 年、2003 年、2012 年和 2016 年荒漠草原 SOS 较晚 [图 4.17（c）]。高山草地 SOS 以 0.574d/10a 的速率呈现提前的趋势，平均 SOS 为第 138 天, SOS 范围为第 128～第 144 天。其中, 1994 年、2006 年和 2007 年高山草地 SOS 开始时间较早, 1984 年、1990 年、1993 年和 2011 年高山草原 SOS 较晚 [图 4.17 (d)]。对不同草地植被 SOS 对比发现, 整体上研究区 SOS 的早晚依次是荒漠草原、草甸草原、典型草原和高山草原, 其中草甸草原和典型草原 SOS 较为相近。

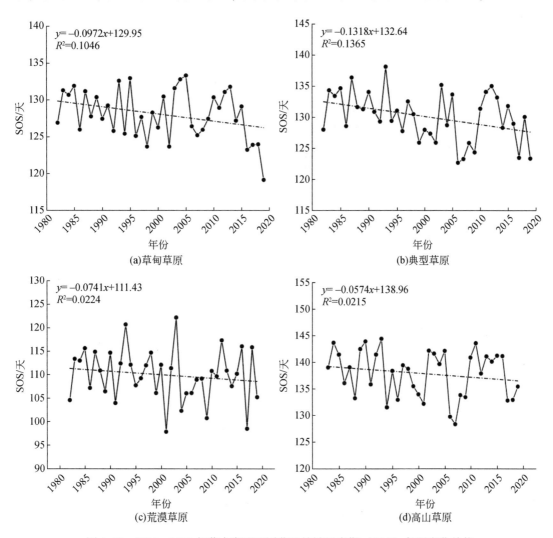

图 4.17   1982～2019 年蒙古高原不同草地植被返青期 (SOS) 年际变化趋势

4.4.1.2   返青期空间分布特征

由 1982～2019 年蒙古高原草地植被多年平均 SOS 的空间分布 (图 4.18) 可以看出, SOS 在空间分布上有明显的变化差异, 整体表现为由南向北逐渐推迟的趋势。多年平均 SOS 为第 126 天, 集中在 4 月下旬～5 月中旬, 即第 110～第 140 天, 其地区面积约占研究区总面积的 70.41%。SOS 为 4 月之前至 4 月上旬, 在第 86～第 100 天, 其地区面积约占研究区总面积的 8.44%, 这些地区主要分布于蒙古高原的西南部蒙古戈壁地区、阿拉善高原、河套平原以及大兴安岭等，大兴安岭气候相对湿润有利于植被的返青，而荒漠地区因地表反射率强、下垫面吸收的能量较多等草地返青的时间较早。SOS 为 5 月下旬至 5 月之后，在第 140 ~ 第 167 天，其地区面积约占研究区总面积的 11.03%，这些地区主要分布在阿尔泰山脉、杭爱山脉的高山草原及高原中部的典型草原，可能是高纬度地区温度低或植被覆盖类型等导致 SOS 较晚。

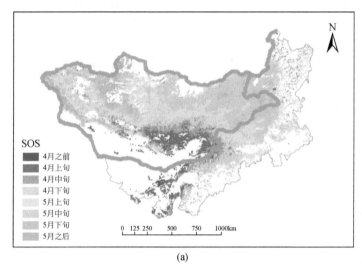

(a)

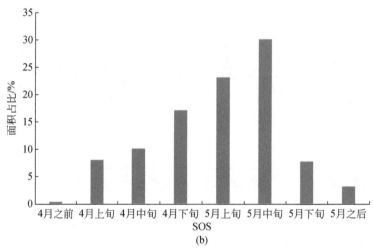

(b)

图 4.18　1982 ~ 2019 年蒙古高原草地植被返青期（SOS）空间分布（a）及面积占比（b）

4.4.1.3　返青期空间变化趋势

采用趋势分析法逐像元求取蒙古高原 1982 ~ 2019 年草地植被 SOS 的变化趋势，并在此基础上进行显著性检验（图 4.19）。植被 SOS 整体表现为提前趋势，植被 SOS 呈提前趋势的地区面积约占研究区总面积的 80.23%，主要分布于蒙古高原的西北部和中东部的大部分地区。在阿尔泰山脉、杭爱山脉周边及萨彦岭、大兴安岭以南等地区，SOS 呈现出显著提前趋势的地区面积约占研究区总面积的 34.04%，这可能与温度、植被类型及土壤质地有关。此外，约有 19.77% 的地区 SOS 表现出推迟的趋势，其中，呈显著推迟趋势的地区面积仅占研究区总面积的 1.91%，零散分布于肯特山、大兴安岭、河套平原、鄂尔多斯高原以及赤峰市等地区。

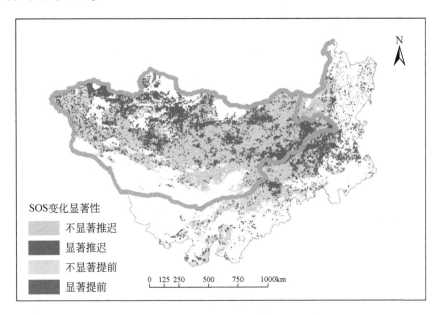

图 4.19　1982～2019 年蒙古高原草地植被返青期（SOS）变化显著性检验

4.4.2　枯黄期

4.4.2.1　枯黄期时间变化特征

由枯黄期的时间变化趋势（图 4.20）可知，1982～2019 年蒙古高原草地植被 EOS 整体呈不明显的提前趋势，变化速率为 0.321d/10a，EOS 范围为第 276～第 286 天。其中，1992 年、2002 年、2009 年 EOS 较早，分别为第 276 天、第 277 天、第 276 天。而在 1993 年、2007 年、2018 年 EOS 较晚，分别为第 286 天、第 285 天、第 286 天。

图 4.21 为研究区 1982～2019 年不同草地植被枯黄期年际变化趋势。草甸草原 EOS 以 0.0361d/10a 的速率表现为不明显的提前趋势，平均 EOS 为第 281 天，EOS 范围为第 277～第 288 天。其中，1992 年、1994 年、2002 年和 2016 年草甸草原 EOS 较早，1993 年、2005 年、2007 年和 2018 年草甸草原 EOS 较晚 ［图 4.21（a）］。典型草原 EOS 以 0.2441d/10a 的速率呈现提前的趋势，平均 EOS 为第 279 天，EOS 范围为第 275～第 285 天。其中，1992 年、2002 年、2009 年和 2014 年典型草原 EOS 较早，1984 年、1993 年、2007 年和 2018 年典型草原 EOS 较晚 ［图 4.21（b）］。荒漠草原 EOS 呈明显的提前趋势，以 0.858d/10a 的速率提前，平均 EOS 为第 284 天，EOS 范围为第 277～第 289 天。其中，2005 年、2017 年和 2019 年荒漠草原 EOS 较早，1984 年、1993 年和 2018 年荒漠草原 EOS

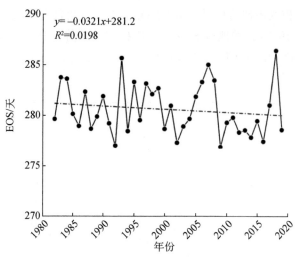

图 4.20　1982～2019 年蒙古高原草地植被枯黄期（EOS）年际变化趋势

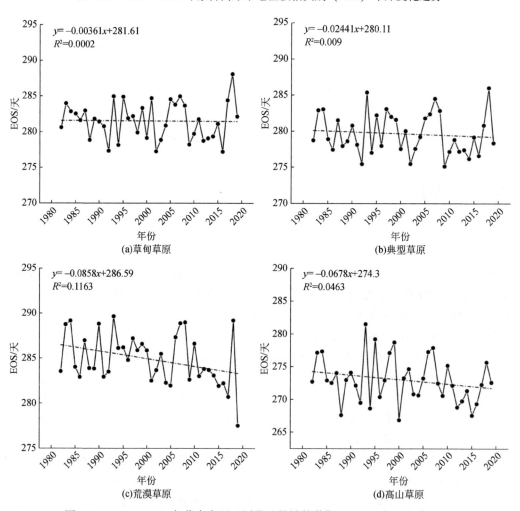

图 4.21　1982～2019 年蒙古高原不同草地植被枯黄期（EOS）年际变化趋势

较晚［图 4.21（c）］。高山草原 EOS 表现为提前趋势，以 0.678d/10a 的速率提前，平均 EOS 为第 272 天，EOS 范围为第 266～第 281 天。其中，1988 年、1994 年、2000 年和 2015 年高山草原 EOS 较早，1993 年、1996 年和 1999 年高山草原 EOS 较晚［图 4.21（d）］。对比不同草地植被 EOS 发现，蒙古高原草地植被 EOS 的早晚依次高山草原、典型草原、草甸草原和荒漠草原，与 SOS 的顺序相反。高山草原大多处于高海拔地区，温度较低导致植被 SOS 较早。

4.4.2.2　枯黄期空间分布特征

研究区草地植被多年平均 EOS 的空间分布整体上与 SOS 呈相反的分布情况（图 4.22），多年平均 EOS 为第 282 天，集中在 10 月上旬～10 月中旬，即第 273～第 293 天，其地区面积约占研究区总面积的 90.21%。EOS 在 9 月之前至 9 月下旬，即第 243～第 263

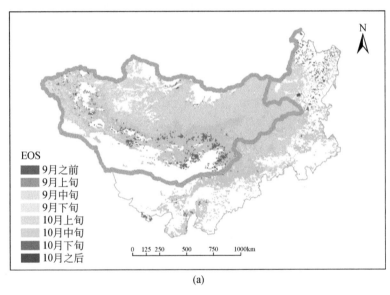

(a)

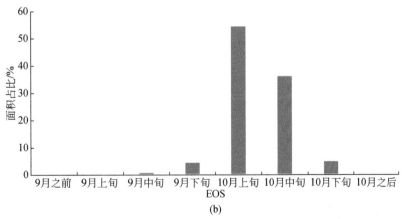

(b)

图 4.22　1982～2019 年蒙古高原草地植被枯黄期（EOS）空间分布（a）及面积占比（b）

天，其地区面积约占研究区总面积的 5.04%，这些地区主要包括高海拔山区的森林，如蒙古高原北部的阿尔泰山脉、杭爱山脉和萨彦岭等。EOS 在 10 月下旬至 10 月之后，即第 293~305 天，其地区面积约占研究区总面积的 4.75%，主要分布在蒙古国西南部戈壁区及肯特山、大兴安岭等地区，可能与植被类型、气候等因素有关。

4.4.2.3　枯黄期空间变化趋势

对 1982~2019 年研究区草地植被 EOS 空间变化的显著性情况（图 4.23）进行分析可以发现，蒙古高原植被 EOS 呈现提前和推迟趋势的地区面积比例大致相似，分别约为 51.27% 和 48.73%。其中，EOS 呈现显著提前趋势的地区面积比例约为 11.73%，主要分布于阿尔泰山脉、杭爱山脉、大兴安岭周边及蒙古国戈壁地区和内蒙古西部等地区。而萨彦岭和杭爱山脉南部、肯特山脉东部、鄂尔多斯高原和科尔沁沙地等地区植被 EOS 表现出显著推迟的趋势，其面积约占研究区总面积的 15.01%，这可能与地形和土壤质地等因素有关。

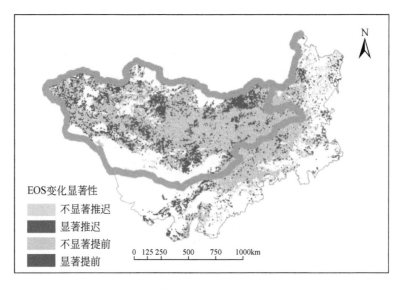

图 4.23　1982~2019 年蒙古高原草地植被枯黄期（EOS）变化显著性检验

4.4.3　生长期

4.4.3.1　生长期时间变化特征

由 LOS 的时间变化趋势（图 4.24）可知，1982~2019 年研究区草地植被 LOS 整体呈不显著的延长趋势，变化速率为 0.671d/10a，LOS 范围为 146~164 天。其中，1985 年、2003 年、2012 年、2013 年 LOS 较短，分别为 149 天、146 天、147 天、149 天。而在 2006 年、2007 年、2009 年、2017 年 LOS 较长，分别为 162 天、164 天、161 天、162 天。

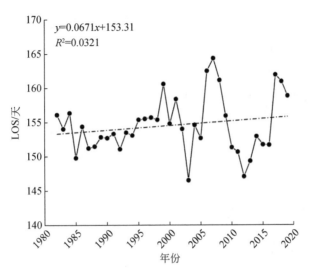

图4.24　1982～2019年蒙古高原草地植被生长期（LOS）年际变化趋势

　　图4.25为蒙古高原1982～2019年不同草地植被LOS年际变化趋势。草甸草原LOS表现为延长趋势，以0.972d/10a的速率变长，多年平均LOS为154天，LOS范围为147～164天。其中，2003年、2004年、2012年和2013年草甸草原LOS较短，在147天左右。2007年、2017年、2018年和2019年草甸草原LOS较长，在162天左右［图4.25（a）］。典型草原LOS以1.034d/10a的速率呈现延长的趋势，多年平均LOS为149天，LOS范围为142～161天。其中，2003年、2012年和2013年典型草原LOS较短，在143天左右。2006年、2007年、2017年、2018年和2019年典型草原LOS较长，在158天左右［图4.25（b）］。荒漠草原LOS表现为缩短趋势，以0.676d/10a的速率缩短，多年平均LOS为176天，LOS范围为164～184天。其中，2003年、2012年和2016年荒漠草原LOS较短，在165天左右。1984年、1999年、2001年和2017年荒漠草原LOS较长，在183天左

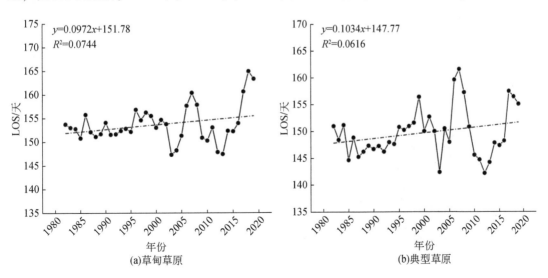

(a)草甸草原　　　　　　　　　　　(b)典型草原

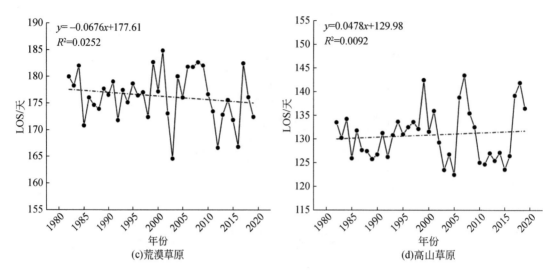

图 4.25　1982～2019 年蒙古高原不同草地植被生长期（LOS）年际变化趋势

右 ［图 4.25（c）］。高山草原 LOS 以 0.478d/10a 的速率呈现延长的趋势，多年平均 LOS 为 131 天，LOS 范围为122～143 天。其中，2003 年、2005 年和 2015 年高山草原 LOS 较短，在 123 天左右。1999 年、2007 年和 2018 年高山草地 LOS 较长，在 142 天左右 ［图 4.25（d）］。对蒙古高原不同草地植被 LOS 对比发现，LOS 由长到短依次是荒漠草原、草甸草原、典型草原和高山草原。

4.4.3.2　生长期空间分布特征

LOS 是由一年中草地植被的 EOS 与 SOS 相减得到的。由图 4.26 可知，研究区草地植被 LOS 主要维持在 130～170 天，其地区面积约占研究区总面积的 66.46%。多年平均 LOS

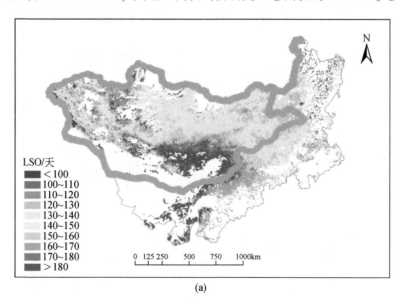

(a)

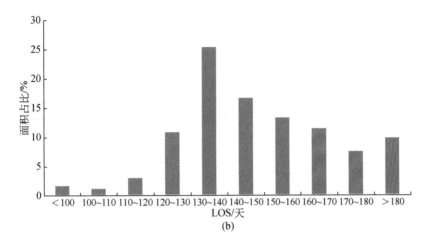

图 4.26   1982~2019 年蒙古高原草地植被生长期（LOS）空间分布（a）及面积占比（b）

为 158 天。其中，阿尔泰山脉、杭爱山脉、萨彦岭北部等地区植被 LOS 在 90~130 天。而在蒙古高原北部和中部地区，如肯特山周边及大兴安岭西部等地区，植被 LOS 为 130~150 天，其面积约占研究区总面积的 41.85%。而植被 LOS 处于 150~205 天的地区分布在研究区西南部、东部的大部分地区及北部的小部分地区，如戈壁阿尔泰山、阴山山脉、大兴安岭地区及肯特山以西的山间谷地等地区，其面积约占研究区总面积的 41.68%。

4.4.3.3   生长期空间变化趋势

根据研究区草地植被 LOS 的变化趋势以及显著性检验结果（图 4.27），1982~2019 年植被 LOS 总体呈现延长的趋势，植被 LOS 呈延长趋势的地区面积约占研究区总面积的70.81%，其中，呈现显著延长趋势的地区面积占研究区总面积的 36.26%，广泛分布于蒙

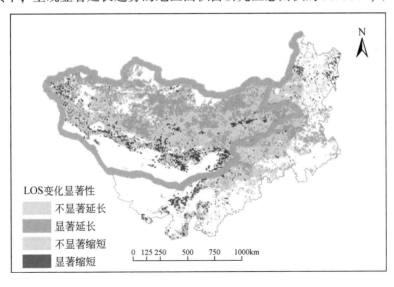

图 4.27   1982~2019 年蒙古高原草地植被生长期（LOS）变化显著性检验

古高原的北部和东部地区，包括蒙古国东部的杭爱山脉、萨彦岭、肯特山脉等以及内蒙古东南部等地区。而呈现不显著缩短趋势的地区面积占研究区总面积的 21.21%，LOS 显著缩短的地区面积仅占研究区总面积的 7.98%，主要包括蒙古高原西部和南部、河套平原及大兴安岭东部等。

4.5 蒙古高原土壤水分变化对草地植被物候影响

4.5.1 土壤水分与不同草地植被物候相关分析

本研究将根据不同草地植被的分布位置，提取相应的土壤水分数据，基于相关分析方法，分别探究草甸草原、典型草原、荒漠草原和高山草原 4 种草地植被的返青期、枯黄期、生长期与土壤水分的相关性，进而讨论土壤水分对草地植被物候的影响。

4.5.1.1 土壤水分与不同草地植被返青期相关分析

蒙古高原多年平均土壤水分与植被 SOS 以正相关关系为主（表 4.1）。其中，SM1 与蒙古高原 SOS 的相关系数 $R = 0.247$（$P > 0.05$），SM2 与蒙古高原 SOS 的相关性较低。由于 3 月温度开始回升，研究区积雪和季节性冻土逐渐融化和消融，土壤水分值会随之增加。到 4 月，大面积植被开始返青，需要消耗大量的水分。土壤水分被消耗，没有得到降水的充分补给，以及蒸发量不断增加，进而土壤水分值逐渐减少。分析不同草地植被与土壤水分的关系可知，SM1、SM2 与草甸草原 SOS 均呈负相关，说明土壤水分减少会抑制草甸草原 SOS 提前。SM1、SM2 与典型草原 SOS 均呈正相关，说明典型草原 SOS 提前会导致土壤水分减少。SM1、SM2 与荒漠草原 SOS 均呈正相关，其中 SM1 与荒漠草原 SOS 的相关性为极显著（$P < 0.01$），由于荒漠草原 SOS 最早，所消耗的土壤水分相对较多。SM1 与高山草原 SOS 呈正相关，而 SM2 与高山草原 SOS 表现为负相关，说明高山草原植被消耗表层土壤水分较多，深层土壤水分由于季节性冻土消融而增加。

表 4.1 1982 ~ 2019 年蒙古高原土壤水分与植被返青期相关性

返青期	SM1		SM2	
	R	P	R	P
蒙古高原返青期	0.247	0.134	0.006	0.972
草甸草原返青期	−0.125	0.456	−0.193	0.246
典型草原返青期	0.273	0.097	0.116	0.486
荒漠草原返青期	0.467**	0.003	0.119	0.476
高山草原返青期	0.032	0.849	−0.059	0.727

** 在 0.01 级别（双尾）相关性极显著，下同。

通过分析蒙古高原 1982 ~ 2019 年土壤水分与植被 SOS 的相关性（图 4.28）可以发现，SM1 与 SOS 呈不显著正相关的地区面积占研究区总面积的 45.41%（$P > 0.05$），包括蒙古国中部、内蒙古中西部的大部分地区以及戈壁阿尔泰山、科尔沁沙地周边等地区，有26.44%的地区表现为显著正相关（$P<0.05$），这些地区大部分都是典型草原和荒漠草原，受土壤水分的影响较大。另外，有26.31%的地区呈不显著负相关，主要分布于杭爱山脉、萨彦岭、肯特山脉及大兴安岭西部等，这些地区大部分都是草甸草原。土壤水分与草地SOS呈显著负相关的地区面积占比仅有1.84%。如图4.28（b）所示，SM2对SOS的影响较SM1有较好的一致性，但SM1与SOS呈正相关的地区面积占比与SM2相比较大。SM2与SOS呈不显著正相关的地区面积占48.81%，主要分布于蒙古高原中部的典型草原，有10.33%的地区呈显著正相关。另外，有38.04%的地区呈不显著负相关，主要包括草甸草原和高山草原，而呈显著负相关的地区面积占2.82%，说明深层土壤水分的减少会抑制SOS的提前。通过对比不同层土壤水分对草地植被SOS的影响可以看出，土壤水分与SOS以正相关关系为主，特别是对典型草原和荒漠草原的影响较大。

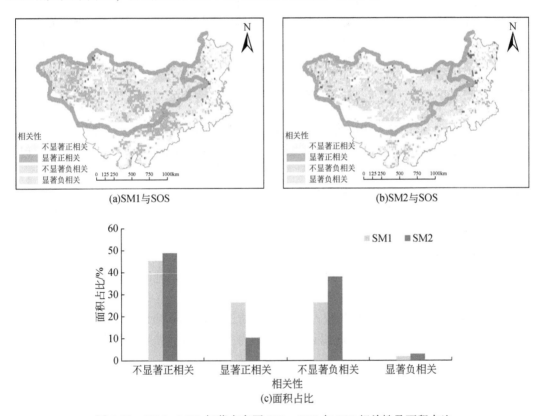

图4.28　1982～2019年蒙古高原SM1、SM2与SOS相关性及面积占比

4.5.1.2　土壤水分与不同草地植被枯黄期相关分析

蒙古高原多年平均土壤水分与植被EOS以正相关关系为主（表4.2）。其中，SM1与蒙古高原EOS的相关性较低，SM2与蒙古高原EOS的相关系数$R=0.317$（$P>0.05$）。研究区植被EOS大多发生在9～10月，这段时期随着北冰洋水汽及东亚季风的减弱，蒙古高原土壤水分整体开始减少。随着温度的下降，部分地区土壤会出现冻结的现象。分析不同

草地植被与土壤水分的关系可知，SM1、SM2 与草甸草原 EOS 均呈正相关，说明土壤水分增加有利于草甸草原 EOS 推迟。SM1 与典型草原 EOS 呈正相关，表明土壤水分的减少会限制草甸草原 EOS 推迟，而 SM2 与典型草原 EOS 呈显著负相关（$P<0.05$），说明典型草原 EOS 推迟会消耗更多的深层土壤水分。SM1、SM2 与荒漠草原 EOS 均呈正相关，说明土壤水分的增加有利于荒漠草原 EOS 推迟。SM1 与高山草原 EOS 呈正相关，SM2 与高山草原 EOS 呈极显著负相关（$P<0.01$），可以说明表层土壤水分减少会导致高山草原植被 EOS 提前，而植被 EOS 提前所消耗的深层土壤水分也会相应减少。

表 4.2　1982～2019 年蒙古高原土壤水分与植被枯黄期相关性

枯黄期	SM1		SM2	
	R	P	R	P
蒙古高原枯黄期	0.074	0.657	0.317	0.052
草甸草原枯黄期	0.104	0.536	0.231	0.164
典型草原枯黄期	0.177	0.288	−0.338*	0.038
荒漠草原枯黄期	0.086	0.607	0.251	0.128
高山草原枯黄期	0.323*	0.048	−0.424**	0.008

*　在 0.05 级别（双尾）相关性显著，下同。

通过分析研究区 1982～2019 年土壤水分与植被 EOS 的相关性（图 4.29）可以发现，SM1 与 EOS 呈不显著正相关的地区面积占研究区总面积的 50.24%（$P>0.05$），主要包括蒙古高原中部和西部的大多数地区。呈显著正相关的地区面积仅占 5.78%（$P<0.05$），分布于阿尔泰山、鄂尔多斯高原、锡林郭勒草原等，这些地区以典型草原和荒漠草原为主。有 41.34% 的地区呈不显著负相关，零散分布于蒙古高原中部的典型草原、北部的草甸草原及南部的荒漠草原。呈显著负相关的地区面积占 2.64%，主要分布于科尔沁沙地周边。SM2 对 EOS 的影响较 SM1 有较好的一致性，但 SM2 与 EOS 呈负相关的地区面积占比与 SM1 相比较小［图 4.29（b）］。SM2 与 EOS 呈不明显正相关的地区面积占 55.64%，而呈显著正相关的地区占 13.22%，主要分布在典型草原。此外，有 29.46% 的地区呈不显著负相关，呈显著负相关的地区面积仅占 1.68%。通过对比不同层土壤水分对草地植被 EOS 的影响可以看出，土壤水分与 EOS 以正相关关系为主，特别是对典型草原的影响较大。

(a)SM1与EOS　　　　　　　　　　　　　(b)SM2与EOS

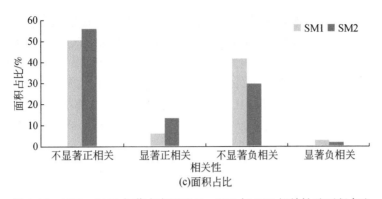

(c)面积占比

图 4.29　1982～2019 年蒙古高原 SM1、SM2 与 EOS 相关性及面积占比

4.5.1.3　土壤水分与不同草地植被生长期相关分析

本研究探究蒙古高原多年平均土壤水分与植被 LOS 的影响机制（表 4.3）。SM1 与蒙古高原 LOS 的相关系数 $R=-0.168$（$P>0.05$），SM2 与蒙古高原 LOS 的相关系数 $R=0.189$（$P>0.05$）。通过分析不同草地植被 LOS 与土壤水分的关系可知，SM1、SM2 与草甸草原 LOS 均呈正相关，说明土壤水分增加有利于草甸草原 LOS 延长。SM1 与典型草原 LOS 呈负相关，说明典型草原 LOS 延长会导致土壤水分减少。SM2 与典型草原 LOS 呈正相关，说明土壤水分增加会促使典型草原 LOS 延长。SM1 与荒漠草原 LOS 表现为极显著负相关（$P<0.01$），说明荒漠草原 LOS 缩短所消耗的土壤水分减少，而 SM2 与荒漠草原 LOS 呈正相关，表明土壤水分减少会限制荒漠草原 LOS 延长。SM1、SM2 与高山草原 LOS 均呈正相关，其中 SM2 与高山草原 LOS 的相关性为显著（$P<0.05$），说明土壤水分增加有利于高山草原植被 LOS 延长。

表 4.3　1982～2019 年蒙古高原土壤水分与植被生长期相关性

生长期	SM1		SM2	
	R	P	R	P
蒙古高原生长期	-0.168	0.315	0.189	0.255
草甸草原生长期	0.148	0.376	0.266	0.106
典型草原生长期	-0.120	0.474	0.098	0.557
荒漠草原生长期	-0.498**	0.001	0.092	0.584
高山草原生长期	0.179	0.281	0.322*	0.048

通过对研究区 1982～2019 年土壤水分与植被生长期的相关性的空间分布（图 4.30）分析可知，SM1 与 LOS 呈不显著正相关的地区面积占研究区总面积的 23.36%（$P>0.05$），主要包括杭爱山脉、肯特山脉、大兴安岭以及锡林郭勒草原等，这些地区大多是草甸草原和典型草原。呈显著正相关的地区面积仅占 4.07%（$P<0.05$）。有 43.62% 的地区呈不显著负相关，广泛分布在典型草原和荒漠草原。呈显著负相关的地区面积占

28.95%，在蒙古高原中部和西部的大部分地区以及科尔沁沙地周边等。SM2 对 LOS 的影响较 SM1 存在一定的差异 [图 4.30 (b)]。约有 10.93% 的地区 SM2 与 LOS 呈显著正相关，主要分布在戈壁阿尔泰山脉、杭爱山脉南部及大兴安岭西部等地区，而有 40.42% 的区域表现为不显著正相关关系。另外，呈负相关的地区面积占研究区总面积的 48.65%（有 9.91% 为显著负相关）。通过对比不同层土壤水分对草地植被 LOS 的影响可以看出，表层土壤水分与 LOS 以负相关关系为主，而深层土壤水分与 LOS 主要表现为正相关关系，而且植被 LOS 也受 SOS 和 EOS 的共同影响。

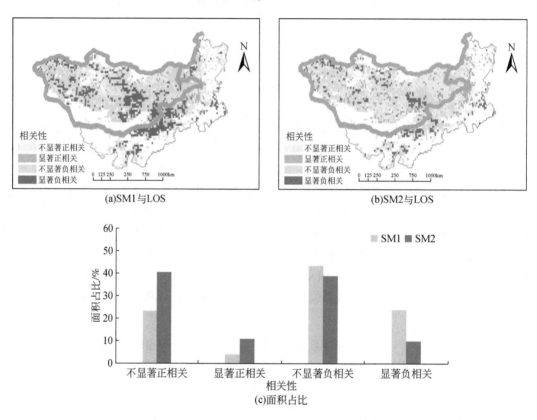

(a)SM1与LOS (b)SM2与LOS

(c)面积占比

图 4.30 1982～2019 年蒙古高原 SM1、SM2 与 LOS 相关性及面积占比

4.5.2 土壤水分与不同草地植被物候时滞相关分析

通过分析土壤水分对草地植被物候的影响可以看出，植被的生长状态与土壤水分有着密切的联系。土壤水分的增加对植被的生长有促进作用，而植被的生长也需要摄取大量的土壤水分。从土壤水分和植被物候的年内变化情况可以看出，春季土壤水分低是由于土壤为植被的返青期提供大量的水分，而秋季土壤水分低是为了保证植被基本的生理需求，使其可以从茂盛期持续到枯黄期，这段时期植被对土壤水分的消耗也会大于降水量的补给。因此，可知土壤水分的变化与植被物候具有很好的影响机制。

时滞相关分析的原理是计算不同层土壤水分分别与草地植被返青期和枯黄期在不同时

滞下对应的相关系数，利用 ArcGIS 软件的像元统计（cell statistics）和最高位置（highest position）工具计算得到最大相关系数及滞后时间空间分布图。

4.5.2.1 土壤水分与不同草地植被返青期时滞相关分析

由于 5 月研究区的大部分植被都已经返青，因此将每年不同草地植被的 SOS 分别与 5 月及前 1～6 个月 SM1、SM2 土壤水分数据进行时滞相关分析，并在此基础上统计不同草地植被 SOS 对土壤水分响应的滞后情况。

由 SM1 对草地植被 SOS 的影响空间分布 [图 4.31（a）] 可知，约有 22.30% 的地区土壤水分对 SOS 变化的影响更显著（时滞为 0），主要分布在蒙古高原西部的荒漠草原和中部的典型草原，表明该地区当月的土壤水分有利于植被的萌生。荒漠草原土壤水分较少，可能是降水的影响使草地植被出现二次返青。典型草原大多数植被的 SOS 出现在 5 月，这段时期植被的需水量较大，所以对当月土壤水分的响应较为明显。土壤水分对草地 SOS 的影响滞后 1～2 个月的地区面积占研究区总面积的 30.65%，这些地区植被类型以典型草原、草甸草原和高山草原为主。3～4 月，随着温度逐渐升高，积雪和冻土的消融为植被的返青提供大量的土壤水分。在研究区中部典型草原、北部草甸草原及南部荒漠草原植被 SOS 呈现对土壤水分较为明显的滞后效应，约有 15.84% 的地区时滞为 3 个月。2 月，白天由于温度升高，表层土壤开始解冻，夜间温度降低，土壤又被冻结，连续的日消夜冻的过程，在土壤表面形成一定厚度的干层，可以减少土壤深层水分的流失，为植被的返青提供良好的土壤环境。有 31.21% 的地区时滞在 4～6 个月，主要包括阿尔泰山东部、大兴安岭北部以及蒙古高原中部典型草原和西南部荒漠草原，这些地区分布较为零散，可能受到地形、土壤质地、植被群落等影响较大。这表明冬季及前一年土壤水分的积累也可为第二年植被的返青提供一定的水分条件。

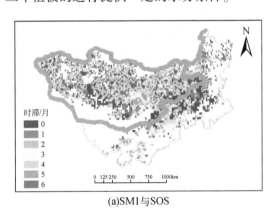
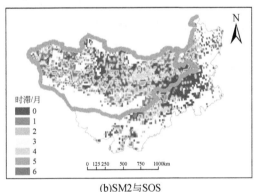

(a)SM1与SOS

(b)SM2与SOS

图 4.31　不同层土壤水分对植被返青期的影响时滞空间分布

此外，SM2 对草地植被 SOS 的影响与 SM1 相比在空间上存在一定差异 [图 4.31（b）]。研究区有 35.86% 的草地植被面积与同月 SM2 土壤水分的相关性较大（时滞为 0 个月），主要分布于荒漠草原、草甸草原和高山草原等地区，说明深层土壤可以为草地植被的返青及时提供水分补给。时滞为 1～2 个月的地区面积占 18.91%，零散分布于杭爱山脉东侧盆地、锡林郭勒高原以及大兴安岭等。而研究区中部的典型草原和南部的荒漠草原对深层土壤水分的时滞达到3个月，约有12.88%的地区有较明显的滞后现象。在蒙古国中部及内蒙古西南部等，约有32.35%的地区时滞为4~6个月，大多分布在典型草原和荒漠草原，可以说明秋冬季存储在土壤深层的水分对来年植被的返青有很大的影响。

利用滞后时间空间分布进一步分析四种草地植被SOS对不同层土壤水分响应的时滞面积占比［图4.32（a）］。通过对比可以发现，草甸草原SOS对SM1的滞后效应最为明显，约有79.74%的地区对土壤水分有滞后现象，其中时滞为1~3个月的地区面积约占51.07%，另外有27.67%的地区时滞为4~6个月。草甸草原大多地处高山地区，积雪通过影响土壤水分间接对植被返青产生影响。典型草原SOS对SM1的滞后效应比较明显，对土壤水分存在滞后现象的地区面积约占77.75%，而时滞为1~3个月的地区面积约占46.54%，约有31.21%的地区时滞为4~6个月。高山草原SOS对SM1的滞后效应较为明显，约有75.92%的地区对土壤水分有滞后现象，其中时滞为1~2个月的地区面积约占34.31%，时滞为3~6个月的地区面积约占41.61%。高山草原由于生长环境以及植被种类比较特殊，并且土壤水分能够得到秋冬季降水量和积雪量补给，可以为植被的返青提供充足的水分。荒漠草原SOS对SM1有明显的滞后效应，对土壤水分存在滞后现象的地区面积约占75.48%，而时滞为1~3个月的地区面积约占45.17%，时滞为4~6个月的地区面积约占30.31%。综上所述，由于5月研究区大多数植被都已经返青，对土壤水分的需求也会适量减少，因此大多数草地植被返青都会受到季前土壤水分的影响，特别是与季前1~3个月土壤水分的相关性较大。

SM2土壤水分对草地植被SOS的影响较SM1有所差异，SOS对季前1~4个月土壤水分的响应较为强烈。从图4.32（b）可以看出，荒漠草原SOS对SM2的滞后效应最为明显，约有75.04%的地区对土壤水分存在滞后效应，其中时滞为1~4个月的地区面积占47.79%。高山草原SOS对SM2的滞后效应比较明显，约有67.88%的地区对土壤水分有滞后效应，并且有47.45%的地区时滞为1~4个月。草甸草原SOS对SM2的滞后效应较为明显，对土壤水分影响存在滞后效应的地区面积约占62.49%，而时滞为1~4个月的地区约占37.94%。典型草原与其他草地类型相比，滞后效应表现不太明显，约有40.11%

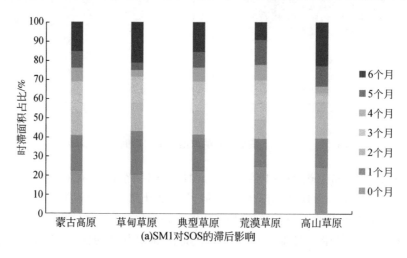

(a)SM1对SOS的滞后影响

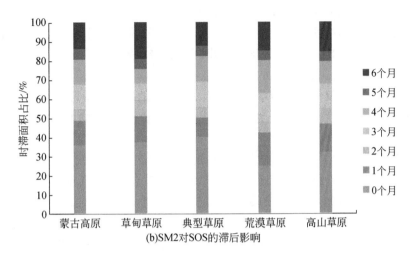

(b)SM2对SOS的滞后影响

图4.32　不同层土壤水分对植被返青期的影响时滞面积占比统计

的地区对同月土壤水分无滞后效应，时滞为1~4个月的地区面积占42.34%，由于典型草原植被SOS集中在5月，因此其对深层土壤水分的响应比较明显。相比之下，SM2较SM1对SOS滞后影响的面积要小，这主要是由于深层土壤可以持续不断地为植被的根系提供水分，促进其生长和发育。

4.5.2.2　土壤水分与不同草地植被枯黄期时滞相关分析

与SOS相比，关于土壤水分对不同草地植被EOS的影响情况如图4.33（a）所示，由于研究区的大多数植被在10月进入枯黄的状态，因此将每年不同草地植被的EOS分别与10月及前1~6个月SM1、SM2土壤水分数据进行时滞相关分析，并在此基础上统计不同草地植被EOS对土壤水分响应的滞后情况。结果显示，研究区大多数植被的EOS对土壤水分的响应都具有明显的滞后效应。

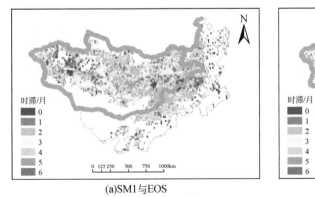

(a)SM1与EOS

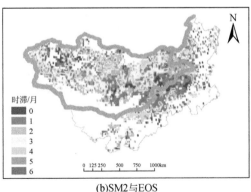

(b)SM2与EOS

图4.33　不同层土壤水分对植被枯黄期的影响时滞空间分布

从SM1对草地植被EOS影响的空间分布［图4.33（a）］来看，仅有8.06%的地区

EOS 对当月土壤水分的响应比较及时（时滞为 0 个月），零散分布在大湖盆地、锡林郭勒高原、大兴安岭及科尔沁沙地等。植被 EOS 对土壤水分的响应滞后 1~3 个月的地区面积占研究区总面积的 61.28%，这些地区表现出明显的滞后效应且广泛分布于草地植被覆盖的大部分地区，说明蒙古高原雨季的来临对草地植被 EOS 的影响较大。研究区西南部荒漠草原、北部草甸草原以及中部典型草原中约有 30.66% 的地区时滞为 4~6 个月，这些地区时滞可能由于地形、温度、植被类型等有所差异，季前土壤水分的增加或减少也会对草地植被 EOS 产生一定的影响。

而 SM2 对草地植被 EOS 的影响与 SM1 相比在空间上具有较好的一致性 ［图 4.33 (b)］。蒙古高原约有 10.23% 的草地植被对同月的 SM2 土壤水分无滞后效应（时滞为 0 个月），如大湖盆地、萨彦岭、大兴安岭以及高原中部典型草原和南部荒漠草原，说明这段时期深层土壤水分与植被的 EOS 变化一致。另外，时滞为 1~3 个月的地区面积约占 62.44%，主要包括研究区草地植被的大部分地区，表明植被 EOS 的发生与季前 1~3 个月 SM2 变化的相关性最强，响应也最为显著。而研究区东北部的草甸草原、中部的典型草原和南部的荒漠草原对土壤水分的时滞达到 4~6 个月，其面积约占研究区总面积的 27.33%，这可能与纬度、地形和土壤质地等因素有关。

基于时滞空间分布进一步分析 4 种草地植被 EOS 对不同层土壤水分响应的时滞面积占比 ［图 4.34 (a)］，通过对比发现，高山草原 EOS 对 SM1 的滞后效应最为明显，约有 94.16% 的地区对土壤水分有滞后效应，其中，时滞为 1~3 个月的地区面积约占 59.85%，时滞为 4~6 个月的地区面积约占 34.31%。荒漠草原 EOS 对 SM1 的滞后效应也比较明显，对土壤水分存在滞后分地区面积约占 93.91%，其中，时滞为 1~3 个月的地区面积占 70.73%，而时滞为 4~6 个月的地区面积约占 23.18%。典型草原 EOS 对 SM1 的滞后效应较为明显，约有 91.97% 地区对土壤水分有滞后效应，其中，时滞为 1~3 个月的地区面积约占 60.33%，时滞为 4~6 个月的地区面积占 31.64%。草甸草原 SOS 对 SM1 的滞后效应较为明显，对土壤水分存在滞后效应的地区面积约占 88.57%，其中时滞为 1~3 个月的地区面积约占 52.58%，约有 35.99% 的地区时滞为 4~6 个月。综上所述，由于 10 月研究区大多数植被都进入枯黄的状态，对土壤水分的需求也会相应减少，因此大多数草地植被枯黄期都会受到季前土壤水分的影响，特别是与季前 1~3 个月土壤水分的相关性较大，滞后效应也最明显。

SM2 土壤水分对草地植被 EOS 的影响 ［图 4.34 (b)］ 与 SM1 情况相似。相比之下，高山草原 EOS 对 SM2 的滞后效应最为明显，约有 95.62% 的地区对土壤水分存在滞后效应，其中，时滞为 1~3 个月的地区面积占 59.86%，时滞为 4~6 个月的地区面积约占 35.76%。草甸草原 EOS 对 SM2 的滞后效应比较明显，对土壤水分影响存在滞后效应的地区面积约占 90.09%，而时滞为 1~3 个月的地区面积约占 50.22%，时滞为 4~6 个月的地区面积约占 39.87%。高山草原和草甸草原植被地处高纬度或高海拔地区，春季雪水融化以及夏秋季降水导致土壤水分变化，会间接影响植被 EOS 的提前或推迟。荒漠草原 EOS 对 SM2 的滞后效应比较明显，约有 89.61% 的地区对土壤水分有滞后效应，其中，有 65.54% 的地区时滞为 1~3 个月，而时滞为 4~6 个月的地区面积约占 24.07%。典型草原 EOS 对 SM2 的滞后效应较为明显，对土壤水分影响存在滞后效应的地区面积约占

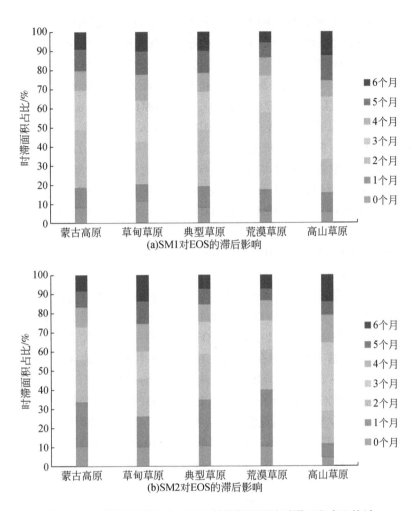

图 4.34 不同层土壤水分对植被枯黄期的影响时滞面积占比统计

89.56%，其中，时滞为 1～3 个月的地区面积约占 64.95%，约有 24.61% 的地区时滞为 4～6 个月。由于研究区降水集中在 7～9 月，因此季前土壤水分的变化对典型草原和荒漠草原 EOS 的影响较为明显。

4.6 结 论

本研究基于 1982～2019 年 GLDAS 土壤水分数据、GIMMS NDVI 和 MODIS NDVI 数据以及气象数据，采用线性回归分析、趋势分析、累计 NDVI 的 Logistic 曲线曲率极值法和相关分析等方法，对蒙古高原土壤水分时空变化及其对草地植被物候的影响进行研究，得到如下结论。

1）1982～2019 年蒙古高原 SM1 土壤水分整体以 0.002m³/(m³·10a) 的速率呈不显著增加趋势，其突变时间发生在 2012 年左右；SM2 土壤水分减少趋势较为显著，变化速率为 -0.004m³/(m³·10a)，并且在 1996 年前后发生突变。季节变化上，春冬两季 SM1 土壤水分呈现出显著增加趋势；夏秋两季 SM1 土壤水分表现为不显著的减少趋势。不同季节 SM2 土壤水分均呈现减少趋势。深层土壤水分的年内变化幅度较浅层要小。不同深度的年均土壤水分在空间上整体表现出由东北向西南逐渐减少的趋势且呈现出外部土壤水分相对较多、内部土壤水分相对较少的格局。SM1 和 SM2 土壤水分在空间分布上表现较好的一致性，均有明显的高值区、过渡带和低值区。其中 SM1 呈现增加趋势的地区面积约占 71.89%，分布在阿尔泰山脉、杭爱山脉、阴山山脉及大兴安岭等。SM2 呈现减少趋势的地区面积约占 66.13%，主要包括杭爱山脉北部、萨彦岭及科尔沁沙地等。

2）1982~2019 年蒙古高原年均温度呈不明显的上升趋势，年均降水量年际波动较大，整体呈不明显的下降趋势。结果表明 1982~2019 年温度以 0.36℃/10a 的速率呈不明显的上升趋势（$P<0.05$），其中 1984 年和 2007 年分别为温度的最低值和最高值。研究区多年来降水量以 4.54mm/10a 的速率呈下降趋势（$P>0.05$），1998 年年均降水量最大，2017 年年均降水量最小。1982~2019 年蒙古高原土壤水分与温度的变化表现为负相关关系，与降水量的变化以正相关关系为主。

3）1982~2019 年蒙古高原植被 SOS 集中在 4 月下旬~5 月中旬，其地区面积约占研究区总面积的 70.41%。多年来，SOS 以 1.094d/10a 变化速率呈提前趋势，其地区面积约占研究区总面积的 80.23%。整体上，植被 SOS 早晚顺序依次是荒漠草原、草甸草原、典型草原和高山草原。植被 EOS 集中在 10 月上旬~10 月中旬，其地区面积约占研究区总面积的 90.21%。年均 EOS 以 0.321d/10a 变化速率呈提前趋势，空间上表现为提前和推迟趋势的地区面积比例大致相似，分别约为 51.27% 和 48.73%。植被 EOS 早晚顺序依次是高山草原、典型草原、草甸草原和荒漠草原。植被 LOS 主要维持时间在 130~170 天的地区面积约占研究区总面积的 66.46%。LOS 以 0.671d/10a 的变化速率呈现延长趋势，其地区面积约占研究区总面积的 70.81%，广泛分布在蒙古高原的东部和北部等地区。整体上，LOS 由长到短依次是荒漠草原、草甸草原、典型草原和高山草原。

4）蒙古高原多年平均土壤水分与植被 SOS、EOS 以正相关关系为主。SM1 与 SOS 呈正相关的地区面积约占 71.85%，包括蒙古国中部、内蒙古中西部以及戈壁阿尔泰山、科尔沁沙地周边等。约有 59.14% 的地区 SM2 与 SOS 呈正相关关系。

SM1 与 EOS 呈正相关的地区面积约占 56.02%，主要分布于蒙古高原中部和西部的大部分地区，大多是典型草原和荒漠草原。有 68.86% 的地区 SM2 与 EOS 表现为正相关关系。SM1 与 LOS 呈负相关的地区面积占 27.43%，主要包括杭爱山脉、肯特山脉、大兴安岭及毛乌素沙地等，这些地区大多为草甸草原。约有 51.35% 的地区 SM2 与 LOS 呈正相关关系。可以看出，表层土壤水分与 LOS 以负相关关系为主，深层土壤水分与 LOS 以正相关关系为主。

研究区大多数植被的 SOS 和 EOS 对土壤水分的响应都具有明显的滞后效应。蒙古高原西部的荒漠草原和中部的典型草原 SOS 对当月 SM1 的无滞后效应，其地区面积约占 22.30%。时滞为 1~2 个月的地区面积约占 30.65%，包括典型草原、草甸草原和高山草原等。约有 15.84% 的地区时滞为 3 个月，这些地区主要受到土壤日消夜冻影响。有 31.21% 的地区时滞在 4~6 个月，主要包括阿尔泰山东部、大兴安岭北部以及蒙古高原中部典型草原和西南部荒漠草原。SM2 对草地植被 SOS 的影响较 SM1 在空间上存在一定的差异性。研究区有35.86%的草地植被与同月的SM2土壤水分的相关性较大,这些地区零散分布于杭爱山脉东侧盆地、锡林郭勒高原以及大兴安岭等,约有18.91%的地区显示时滞为1~2个月。时滞达到3个月的地区面积约占12.88%。约有32.35%的地区时滞为4~6个月,大多分布在典型草原和荒漠草原。不同草地植被SOS对SM1的滞后效应显著性依次为草甸草原、典型草原、高山草原、荒漠草原。相比之下,SOS对SM2的滞后效应显著性依次为荒漠草原、高山草原、草甸草原、典型草原。

此外,在大湖盆地、锡林郭勒高原和科尔沁沙地等,植被EOS对当月SM1土壤水分的响应比较及时,其地区面积仅占8.06%。植被EOS对土壤水分的响应滞后1~3个月的地区面积占61.28%,广泛分布在草地植被覆盖的地区。而时滞为4~6个月的地区包括研究区中部典型草原、西南部荒漠草原以及北部的草甸草原,其面积约占30.66%。而SM2对草地植被EOS的影响空间分布图与SM1相比在空间上具有较好的一致性。约有10.23%的草地植被对同月的SM2土壤水分无滞后效应。研究区大多数草地植被EOS的发生与季前1~3个月SM2变化的相关性最强,响应也最为显著,其地区面积约占62.44%。蒙古高原东北部的草甸草原、中部的典型草原和南部的荒漠草原对土壤水分的时滞达到4~6个月,其地区面积约占27.33%。不同草地植被EOS对SM1的滞后效应显著性依次为高山草原、荒漠草原、典型草原、草甸草原。EOS对SM2的滞后效应显著性依次为高山草原、草甸草地、荒漠草原、典型草原。

第5章 气候变化下蒙古高原2001~2018年不同植被物候对积雪相关参数变化响应的量化研究

5.1 数据与方法

5.1.1 数据源与预处理

为计算蒙古高原长时序植被返青期，本研究选用2001~2018年MODIS NDVI产品数据，时间分辨率和空间分辨率分别为16天和500m，并将NDVI<0.08的区域进行掩膜处理，将其当作无植被区。

选用美国国家冰雪数据中心提供的空间分辨率为500m的每日积雪产品MOD10A1来提取积雪物候参数，时间范围为2000~2017年（https：//nsidc. org/data/mod10a1/versions/6）。该数据在晴天时总精度达98.5%，积雪分类精度达98.2%。

MOD13A1. 006根据每16天获得的500m像素空间分辨率的全球网格L3计算NDVI（https：//lpdaacsvc. cr. usgs. gov/appeears/task/area）。本研究调查的时段为2000年2月~2020年12月。

2000~2019年，由呼吸式地球系统模拟器（BESS）产生的太阳辐射光合有效辐射数据每天具有0.05°的空间分辨率（https：//www. environment. snu. ac. kr/bess-rad）。温度、降水量以及土壤水数据来源于欧洲中期天气预报中心提供的ERA5全球气候再分析数据集。该数据集在干旱、半干旱地区精度较高且具有良好的应用基础，分辨率为0.1°×0.1°。本研究选取每年3~5月温度数据作为融雪期温度（TEMP），将每年9月~翌年4月降水量作为积雪期降水量（PRE）。土地覆盖分类数据为MCD12Q1产品数据，采用IGBP植被分类产品数据，并根据研究需要将植被类型合并为针叶林、阔叶林、草甸草原、典型草原、荒漠草原、农田、沙漠、水体8种。为了保证计算的准确性，将所有数据均重采样为大小一致的5km栅格图像，并将研究区范围进行统一掩膜。

5.1.2 研究方法

5.1.2.1 CASA模型

CASA模型（陆地生态系统植被净初级生产力估算模型）可以评估由温度、水和光驱动的植被光合作用强度，以计算植被净初级生产量（NPP），其中光能的最大利用率决定了植被光合作用和呼吸之间的差异。

为了计算 NPP，有必要将太阳辐射转化为吸收光合有效辐射（APAR），将 NDVI 转化为部分有效辐射（FPAR）的植被成分，并根据植被类型确定特定的光能利用率（Potter et al., 1993）。

$$NPP(x,t) = APAR(x,t) \times \varepsilon(x,t) \tag{5-1}$$

$$APAR(x,t) = SOL(x,t) \times FPAR(x,t) \times 0.5 \tag{5-2}$$

$$FPAR(x,t) = \min\left[\frac{SR - SR_{min}}{SR_{max} - SR_{min}}, 0.95\right] \tag{5-3}$$

$$SR(x,t) = \frac{1 + NDVI_{(x,t)}}{1 - NDVI_{(x,t)}} \tag{5-4}$$

$$\varepsilon(x,t) = T_{\varepsilon 1}(x,t) \times T_{\varepsilon 2}(x,t) \times W_{\varepsilon}(x,t) \times \varepsilon_{max} \tag{5-5}$$

式中，$NPP(x,t)$ 为植被的实际 NPP，g C/m^2；$APAR(x,t)$ 为植被光合有效吸收的辐射；$\varepsilon(x,t)$ 为不同植被的实际光利用效率；$SOL(x,t)$ 为总太阳辐射的吸收率；$SR(x,t)$ 为比率植被指数；SR 为比率植被指数；SR_{min} 为比率植被指数最小值；SR_{max} 为比率植被指数最大值；$T_{\varepsilon 1}(x,t)$ 和 $T_{\varepsilon 2}(x,t)$ 为温度胁迫系数；$W_{\varepsilon}(x,t)$ 为水分胁迫系数；ε_{max} 为 NPP 的最大光能利用率，不同植被类型的 ε_{max} 如表 5.1 所示。

表 5.1　不同植被类型的 ε_{max}　　　　　　　　　（单位：g C/MJ）

序号	植被类型	ε_{max}
1	阔叶林	0.692
2	针叶林	0.389
3	草甸草原	0.654
4	典型草原	0.553
5	荒漠草原	0.511

5.1.2.2　植被返青期提取

采用累计 NDVI 和 NPP 的 Logistic 曲线曲率极值法（Bao et al., 2014）逐像元计算蒙古高原植被 SOS。该方法首先对 NDVI 的变化曲线进行模拟，公式如下：

$$y(t) = \frac{c}{1 + e^{a+bt}} + d \tag{5-6}$$

式中，$y(t)$ 为儒略日 t 对应的累计 NDVI 的 Logistic 曲线拟合的累计 NDVI；a、b、c 为逻辑模型的拟合参数；d 为 NDVI 背景值。

其次计算累计 NDVI 的 Logistic 曲线曲率：

$$K = \frac{d\alpha}{ds} = -\frac{b^2 cz(1-z)(1+z)^3}{\left[(1+z)^4 + (bcz)^2\right]^{\frac{3}{2}}} \tag{5-7}$$

$$z = \mathrm{e}^{a+bt} \tag{5-8}$$

式中，当 K 达到它的第一个极大值时，对应的儒略日 t 为 SOS。

5.1.2.3 积雪参数提取

本研究根据蒙古高原实际情况，将蒙古高原积雪季节定义为 9 月~翌年 4 月（例如，2000 年 9 月 1 日~2001 年 4 月 30 日为 2000 年的积雪季节，以此类推）（Zhang et al.，2008）。本研究所选用的积雪参数有 SCF、SCD、SCOD 以及 SCED（李晨昊等，2020；Gao et al.，2020），各参数具体定义如下。

SCF 定义为一个像元中积雪所占的比例；SCD 为在一个积雪季节中积雪出现的总天数。对于 SCOD、SCED 的定义，一个积雪季节内，任意一个像元首次出现积雪且随后连续 5 天均有积雪覆盖，则将连续 5 天中第一天定义为 SCOD；一个积雪季节内，任意一个像元最后出现积雪且之前连续 5 天均有积雪覆盖，则将连续 5 天中最后一天定义为 SCED（Shi et al.，2018）。

5.1.2.4 趋势分析法

为了分析蒙古高原植被 SOS 和积雪参数以及温度、降水量、土壤水分等要素的变化趋势，本研究选择一元线性回归进行计算（Wang and Liu，2022）。回归方程斜率（SLOPE）用来表示研究区内不同要素的变化趋势，具体计算公式如下：

$$\mathrm{SLOPE} = \frac{n \times \sum\limits_{i=1}^{n} i \times X_i - \sum\limits_{i=1}^{n} i \sum\limits_{i=1}^{n} X_i}{n \times \sum\limits_{j=1}^{n} i^2 - \left(\sum\limits_{i=1}^{n} i\right)^2} \tag{5-9}$$

式中，SLOPE 为回归方程的斜率；n 为研究时间序列的累计年数；X_i 为第 i 年的值。通过 SLOPE 及 F 检验计算显著性 P，将不同要素变化趋势分为显著增加（SLOPE>0，$P<0.05$）、不显著增加（SLOPE>0，$P>0.05$）、显著减少（SLOPE<0，$P<0.05$）以及不显著减少（SLOPE<0，$P>0.05$）四类。

5.1.2.5 相关分析法

为进一步分析蒙古高原 SOS 变化对各因素的影响，在 SOS 与各因子之间进行相关分析，具体公式如下：

$$r_{xy} = \frac{\sum\limits_{i=1}^{n} \left[(x_i - \bar{x})(y_i - \bar{y}) \right]}{\sqrt{\sum\limits_{j=J}^{n} (x_j - \bar{x}) \sum\limits_{j=J}^{n} (y_i - \bar{y})}} \tag{5-10}$$

式中，r_{xy} 为变量 x、y 的相关系数；$\bar{x}$、$\bar{y}$ 为多年平均值；n 为样本量。

5.1.2.6 敏感性分析法

敏感性分析方法通过计算一个或者多个不确定性因素的变化所导致的因变量变化幅

度，分析评估每个自变量对因变量的影响程度。其由标准化回归系数确定，用来表示 SOS 对变量的敏感性（Zhu et al., 2022），具体公式如下：

$$\text{SenVAR} = \beta\text{VAR} \times \frac{\text{SD}(\text{VARANL})}{\text{SD}(\text{SOSANL})} \tag{5-11}$$

式中，SenVAR 为由每个变量的标准化回归系数确定的变量敏感性；βVAR 为标准化回归系数；SD(VARANL) 和 SD(SOSANL) 分别为各个变量和 SOS 的标准差，其中，SOSANL 变化的主导因子由 SenVAR 绝对值最高的因子决定，敏感性因子的高低即代表因子的影响顺序。

5.1.2.7 路径分析方法

本研究确定了主要因素，并使用路径分析方法来评估 SOS_{NPP} 的直接和间接影响。路径模型是在过去的研究中使用多元统计分析方法建立的（Stage et al., 2004）。路径分析中使用的模型表明，一组变量相互作用（Vasconcelos et al., 1998）。路径分析包括每个变量的常规无量纲过程以及各因素对响应变量的直接和间接影响。本研究构建了一个概念路径模型，并通过整合干预因素来获得其相关性，因为一个实体可以以多种方式影响另一个实体。

$$y_1 = \beta_1 x_1 + \beta_2 x_2 + \beta_3 x_3 + \varepsilon_1 \tag{5-12}$$

$$y_2 = \beta_4 x_1 + \beta_5 x_2 + \beta_6 x_3 + \varepsilon_2 \tag{5-13}$$

$$y_3 = \beta_7 x_2 + \beta_8 y_1 + \beta_9 y_2 + \varepsilon_3 \tag{5-14}$$

式中，y_1、y_2 和 y_3 为3个不同的因变量；x_1，x_2 和 x_3 为3个不同的自变量；β_1，…，β_9 为每个因素的回归系数；ε_1、ε_2 和 ε_3 分别为3个不同回归方程的残差。路径图是变量的图示，其中从一个变量到另一个变量的箭头表示基于理论的因果关系。单个箭头指向原因的方向，而双向弯曲箭头表示变量是相关的，并且没有假设因果关系。自变量（x）称为外生变量。因变量（y）称为内生变量（Stage et al., 2004）。

5.1.2.8 灰色关联分析法

为了量化雪对蒙古高原的影响，本研究使用灰色关联度来确定影响 SOS_{NPP} 的因素。灰色关联分析定量地描述和比较了一个系统的发展趋势。其主要思想是比较参考数据和几个比较数据之间的几何相似性。优势是通过计算多个因素之间的相关性来确定因素和相同的参考序列（Dai et al., 2014；Wang, 2019）。

使 X_i 和 X_j 成为等距序列，分别设为起始点 $X_i^0 = (X_i^0(1)$，$X_i^0(2)$，…，$X_i^0(n))$，$X_j^0 = (X_j^0(1)$，$X_j^0(2)$，…，$X_j^0(n))$ 的零值（Huang et al., 2019）。那么，X_i 和 X_j 的灰色绝对关系度为

$$\varepsilon_{ij} = \frac{1 + |S_i| + |S_j|}{1 + |S_i| + |S_j| + |S_i - S_j|} \tag{5-15}$$

$$|S_i - S_j| = \left| \sum_{k=2}^{n-1} (x_i^0(k) - x_j^0(k)) \right| \tag{5-16}$$

$$|s| = \left| \sum_{k=2}^{n=1} x^0(k) + \frac{1}{2} x^0(n) \right| \tag{5-17}$$

此外，灰色关联分析中也存在着相对的关联度。它的构造类似于绝对关系度，X_i 与 X_j 计算起点零值之前的初始值处理略有不同。

5.2 蒙古高原植被物候与气候变化的关系

5.2.1 气候变化特征

积雪季节降水量（PRE）、融雪期温度（TEMP）、春季表层土壤水（SM）、SCF、SCD、SCOD 以及 SCED 的时空变化趋势如图 5.1 所示。PRE 呈上升趋势的地区面积占比为 50.51%，主要分布在西北部和东部；东北部和南部地区 PRE 主要呈减少趋势（49.49%）。与全球变暖的趋势吻合，蒙古高原大部分地区 TEMP 呈上升趋势（99.96%），并且变化速率整体由西部向东部递减。其中，TEMP 在中部、西北部以及北部地区上升趋势最为显著，在东部小范围地区呈下降趋势［图 5.1（b）］。SM 的空间变化趋势表明，春季表层土壤水含量在 2001～2018 年呈下降趋势的地区面积占比为 76.13%［图 5.1（c）］，主要分布在北部、西北部和东南部；西北部小范围地区、萨彦岭以及东部地区主要呈现增加趋势（23.87%）。

在整个研究区内，所有积雪参数整体均呈下降趋势。SCF 变化率介于 -1.516%/a-3.495%/a，呈减少趋势的地区面积占研究区总面积的 61.37%，主要分布在北部、南部和西南部。从图 5.1（e）可以看出，SCD 以 -0.1707d/a 的速率呈现出与 SCF 相似的空间格局，二者均表现出随着海拔的升高变大的趋势。SCOD 呈现出北部推迟南部提前的分布特征，呈下降趋势的地区面积占研究区总面积的 69.34%，而呈上升趋势的地区面积仅占 30.66%［图 5.1（f）］，SCOD 推迟的地区主要在北部、东部和中部。SCED 以 -0.7822d/a 的速率表现出提前的趋势，呈下降趋势的地区面积占研究区总面积的 64.75%，呈上升趋势的地区面积占研究区总面积的 35.25%。蒙古高原的西北部、中部和东南部地区表现提前的趋势，除上述地区外大部分地区表现为推迟趋势。此外，虽然 SCF 在年际变化上呈现出减少的趋势，但依据图 5.1（a）可以看出，PRE 在 2000～2018 年仍以缓慢的变化速率表现出增多的趋势。

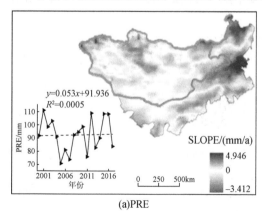

(a)PRE

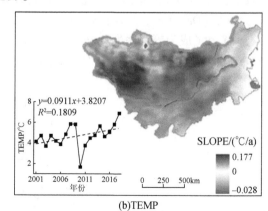

(b)TEMP

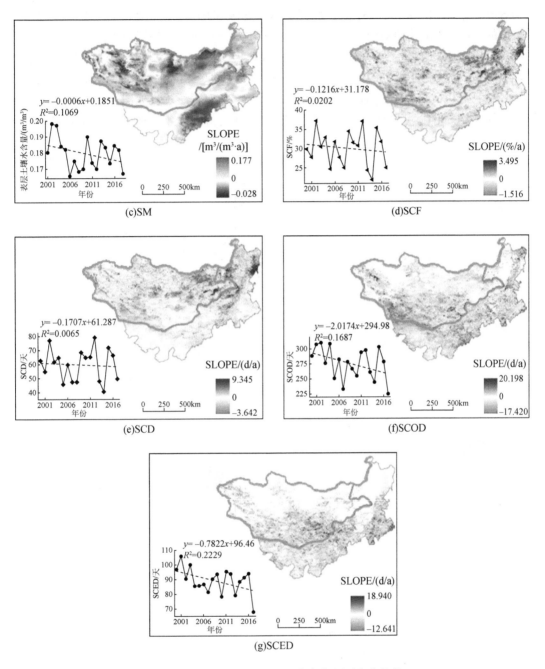

图 5.1 蒙古高原 2001～2018 年气候因子变化趋势

2001～2019 年蒙古高原不同植被类型的 SCF_{Winter} 平均值变化如图 5.2（a）所示。显然，研究区的不同植被类型显示出类似的 SCF_{Winter} 缓慢下降趋势。典型草原地区 SCF_{Winter} 平均值在 44.53%～76.62%，而荒漠草原地区 SCF_{Winter} 平均值为 32.56%～71.85%。2015 年和 2013 年分别观测到所有植被类型的 SCF_{Winter} 最小值和最大值。不同植被类型的春季积雪融雪日（SMD）变化如图 5.2（b）所示，这表明研究区 SMD 呈缓慢下降趋势。针叶林地

区的 SMD_{Spring} 平均值在 95～131 天，而荒漠草原地区 SMD_{Spring} 平均值在 12～57 天。不同植被类型的 SMD_{Spring} 最小值对应于 2015 年。如图 5.2（c）所示，根据 SCF_{Winter} 空间统计箱图结果，荒漠草原 SCF_{Winter} 平均值为 47.26%，SCF_{Winter} 而最大值为 89%；针叶林 SCF_{Winter} 的平均值和最大值分别为 58.79% 和 88.65%；草甸草原 SCF_{Winter} 平均值和最大值分别为 66.26% 和 91.9%。SMD_{Spring} 的空间统计箱图如图 5.2（d）所示。如图 5.2（d）所示，荒漠草原的平均 SMD_{Spring} 为 25 天。对于针叶林，SMD_{Spring} 的平均值和最大值分别为 118 天和

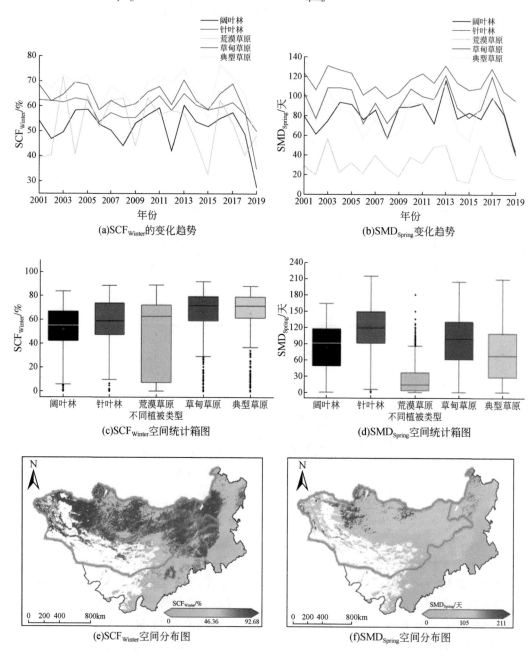

图 5.2　蒙古高原 2001～2019 年不同植被类型 SCF_{Winter} 和 SMD_{Spring} 年际变化趋势及空间分布图

215天。此外，对于草甸草原，SMD_{Spring}的平均值和最大值分别为94天和204天。在图5.2（e）中，蒙古高原北部和西部的SCF_{Winter}平均值为50%～60%。草甸草原SCF_{Winter}平均值为62.3%，主要分布在北方地区；典型草原SCF_{Winter}平均值为66.46%，主要分布在东部地区。在图5.2（f）中，SMD_{Spring}在蒙古高原的空间分布从北部到南部逐渐减少。SMD_{Spring}超过105天的地区主要分布在蒙古高原北部，表明该地区积雪持续时间长，春季积雪融化日期相对较晚。

利用CASA模型，我们分析了2001～2019年蒙古高原不同植被类型的NPP分布。如图5.3（a）所示，不同植被类型具有相同的NPP特征，并呈逐年稳步增加的趋势。其中，阔叶林地区的NPP平均值在413.04～545.83g C/m^2。在荒漠草原地区，NPP平均值在76.25～122.66g C/m^2。虽然2001年、2009年、2015年和2017年对应于不同植被类型的NPP最小值，但NPP最大值在2003年、2014年和2018年。在图5.3（b）中，不同植被类型的SOS_{NPP}表现出相同的特征，并呈逐年稳定下降的趋势。2007年，典型草原和荒漠草原的SOS_{NPP}达到最低。在图5.3（c）中，显示了NPP空间统计箱图。荒漠草原的NPP平均值为47.37g C/m^2，NPP最大值为201.22g C/m^2。阔叶林的NPP平均值为506.77g C/m^2，针叶林的NPP最大值为603.59g C/m^2。草甸草原NPP的平均值和最大值分别为363.14g C/m^2和651.93g C/m^2。SOS_{NPP}空间统计箱图如图5.3（d）所示。结果表明，荒漠草原SOS_{NPP}的平均值和最大值分别为64天和140天。阔叶林的SOS_{NPP}平均值为81天，而针叶林的SOS_{NPP}最大值为154天。草甸草原SOS_{NPP}的平均值和最大值分别为93天和154天。在图5.3（e）中，显示了平均NPP的空间分布。蒙古高原北部和东部的平均NPP为400～560g C/m^2，而沙漠草原的平均NPP为0～240g C/m^2。荒漠植被NPP主要分布在蒙古高原西部地区。图5.3（f）描述了平均SOS_{NPP}的空间分布。平均SOS_{NPP}在84天以上的地区主要分布在蒙古高原北部，表明该地区SOS_{NPP}持续时间较长，春季NPP植被生长季节开始时间相对较晚。

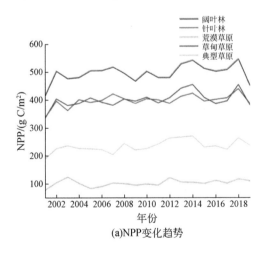

(a)NPP变化趋势

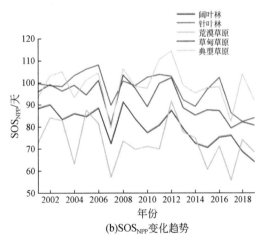

(b)SOS_{NPP}变化趋势

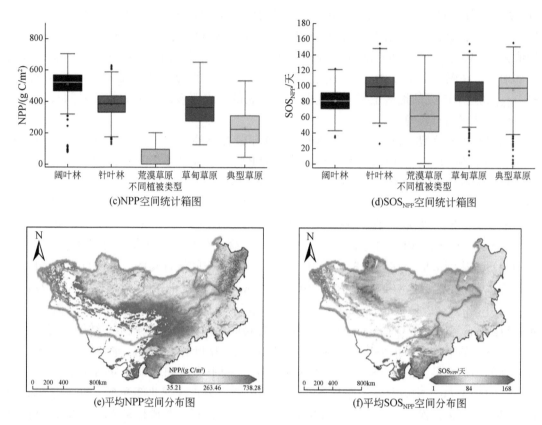

(c)NPP空间统计箱图   (d)SOS_{NPP}空间统计箱图

(e)平均NPP空间分布图   (f)平均SOS_{NPP}空间分布图

图5.3　蒙古高原2001~2009年不同植被类型NPP和SOS_{NPP}变化趋势及空间分布图

5.2.2　气候变化对不同植被物候的影响

本研究利用空间灰色关联分析方法进一步研究了不同影响因素对SOS_{NPP}空间相关性的重要性（图5.4）。在蒙古高原北部的大部分地区，SOS_{NPP}和TEM_{Spring}的空间重要性高于0.5，表明TEM_{Spring}对蒙古高原北部大部分地区的SOS_{NPP}产生影响，PRE_{Spring}对蒙古高原西北部和中部大部分地区的SOS_{NPP}起着关键作用，SM_{Spring}对蒙古高原的南部地区的SOS_{NPP}具

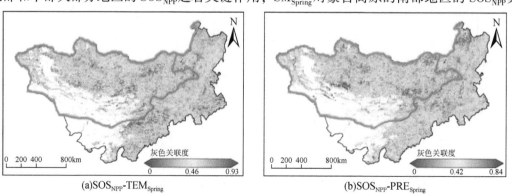

(a)SOS_{NPP}-TEM_{Spring}   (b)SOS_{NPP}-PRE_{Spring}

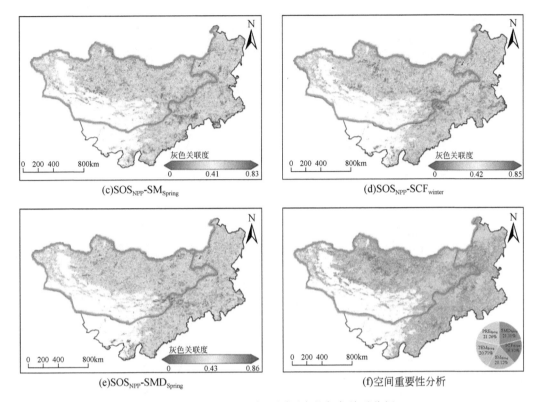

(c)SOS$_{NPP}$-SM$_{Spring}$

(d)SOS$_{NPP}$-SCF$_{winter}$

(e)SOS$_{NPP}$-SMD$_{Spring}$

(f)空间重要性分析

图5.4　2001～2019年不同因素的灰色关系分析

有重要作用，SCF$_{Winter}$对蒙古高原北部地区的SOS$_{NPP}$具有重要作用。SMD$_{Spring}$与蒙古高原南部的SOS$_{NPP}$具有更高的相关性。此外，本研究计算了影响因素对空间SOS$_{NPP}$的影响，蒙古高原研究区的SOS$_{NPP}$空间分布相对分散。其中，PRE$_{Spring}$和SMD$_{Spring}$分别占研究区SOS$_{NPP}$的21.26%和21.11%。

灰色关联可以指示不同因素对蒙古高原植被SOS$_{NPP}$的影响程度。总的来说，不同因素对蒙古高原植被类型SOS$_{NPP}$的影响各不相同，如图5.5所示，PRE$_{Spring}$和SM$_{Spring}$对阔叶林和针叶林的SOS$_{NPP}$影响较大。PRE$_{Spring}$在阔叶林达到最大值0.64，在针叶林达到0.65，这表明PRE$_{Spring}$对SOS$_{NPP}$有显著影响。冬季SCF对草甸草原和典型草原的SOS$_{NPP}$有重要影响，灰色关联度分别为0.66和0.64。TEM$_{Spring}$、SMD$_{Spring}$和SM$_{Spring}$对SOS$_{NPP}$具有相同的影响，灰色关联度为0.62。然而，SCF$_{Winter}$对荒漠草原SOS$_{NPP}$的影响较小。PRE$_{Spring}$和SM$_{Spring}$对SOS$_{NPP}$具有同等显著影响，灰色关联度为0.65。第二个影响因素是SMD$_{Spring}$，其次是PRE$_{Spring}$和SM$_{Spring}$。

不同植被类型的路径分析结果显示了SOS$_{NPP}$响应机制的影响。图5.6（a）显示，TEM$_{Spring}$和PRE$_{Spring}$对阔叶林SOS$_{NPP}$的负反馈效应。随着TEM$_{Spring}$g和PRE$_{Spring}$的增加，SOS$_{NPP}$显著降低，路径系数分别为-0.2和-0.09。SCF$_{winter}$对SMD$_{Spring}$具有正反馈效应，路径系数为0.19，表明SCF$_{winter}$和SMD$_{Spring}$对阔叶林SOS$_{NPP}$高度敏感。SMD$_{Spring}$对当地阔叶林植被SOS$_{NPP}$具有正反馈作用，其路径系数为0.22，表明SMD$_{Spring}$主要促进当地植被SOS$_{NPP}$。图5.6（b）显示，TEM$_{Spring}$对针叶林地区的SOS$_{NPP}$具有显著的负面作用，路径系

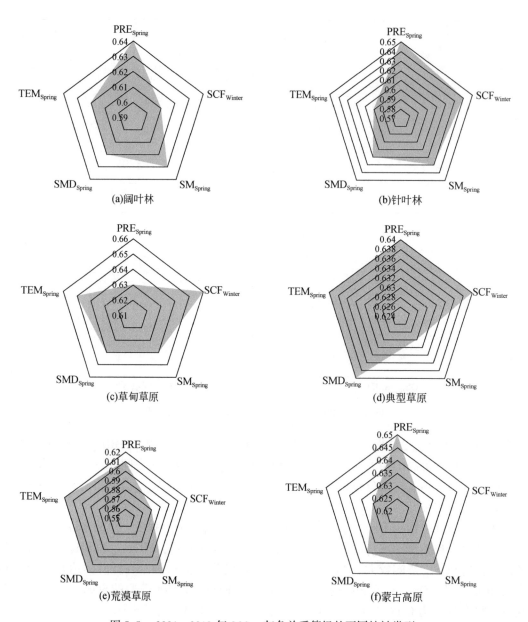

图 5.5 2001～2019 年 SOS_{NPP} 灰色关系等级的不同植被类型

数为-0.6。此外，SCF_{winter} 和 SM_{Spring} 对植被 SOS_{NPP} 有显著的促进作用，相应的路径系数分别为 0.13 和-0.23。通过对 SCF_{Winter}、SM_{Spring}、SOS_{NPP}、SMD_{Spring}、PRE_{Spring} 和 TEM_{Spring} 6 条路径的分析表明，当地 SMD_{Spring} 可以间接有效地促进 SOS_{NPP}，然后 SM_{Spring} 可以显著延缓当地植被 SOS_{NPP}，路径系为-0.23。图 5.6（c）显示，在草甸草原植被区，SCF_{Winter} 可以通过 4 条路径影响植被 SOS_{NPP}。通过对 SMD_{Spring}—TEM_{Spring}—SOS_{NPP} 路径分析，可以得出 TEM_{Spring} 对 SOS_{NPP} 具有显著的负反馈效应，路径系数为-0.33，SMD_{Spring} 对植被 SOS_{NPP} 有间接显著的负效应。根据 SCF_{winter}-SM_{Spring}-SOS_{NPP} 的路径分析，SCF_{Winter} 通过 SM_{Spring} 对 SOS_{NPP} 具

有间接反馈作用。图 5.6（d）显示，SCF_{Winter} 和 SMD_{Spring} 对 SOS_{NPP} 具有间接反馈效应。通过对 SCF_{Winter}—SM_{Spring}—SOS_{NPP} 的路径分析，得出 SCF_{winter} 与 SOS_{NPP} 具有显著的间接相关性。然后，SM_{Spring} 可以有效地延缓当地植被的 SOS_{NPP}，路径系数为 -0.17。图 5.6（e）显示，当地 SMD_{Spring} 条件可以促进荒漠草原地区植被 SOS_{NPP}。SMD_{Spring} 对荒漠草原 SOS_{NPP} 具有正反馈效应。一方面，通过 SMD_{Spring}—TEM_{Spring}—SOS_{NPP} 路径，SMD_{Spring} 通过 TEM_{Spring} 的作用对植被 SOS_{NPP} 产生积极影响。另一方面，通过 SMD_{Spring}—TEM_{Spring}—SOS_{NPP} 路径，SMD_{Spring} 通过

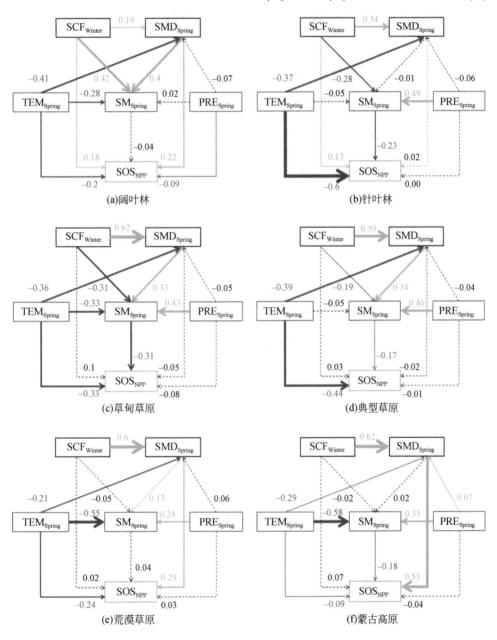

图 5.6　2001～2009 年不同植被类型 SOS_{NPP} 路径分析

TEM_{Spring}的作用间接影响 SOS_{NPP}。图 5.6（f）显示，因子 SCF_{winter}、TEM_{Spring}、PRE_{Spring}、SM_{Spring} 和 SMD_{Spring} 在蒙古高原研究区的影响。这些因素可能对植被 SOS_{NPP} 产生复杂的影响。SMD_{Spring} 对植被 SOS_{NPP} 的反馈机制是直接的，路径系数为 0.53。正如 SMD_{Spring}—TEM_{Spring}—SOS_{NPP} 路径所表明的，SMD_{Spring} 可以通过 TEM_{Spring} 的作用间接影响 SOS_{NPP}。

5.3 气候变化下蒙古高原植被物候对积雪相关参数变化的响应

5.3.1 植被物候对积雪相关参数变化的时间响应特征

图 5.7 显示了 2001～2018 年蒙古高原多年平均植被 SOS 的空间分布特征。总体上，80% 以上的植被区 SOS 集中在 110～140 天。SOS 在 90～100 天和 150 天的地区面积占比分别为 7.14% 和 10.13%，仅有 2.52% 的地区 SOS 在 90 天前或 150 天后。从空间分布来看，蒙古高原 SOS 分布具有很强的地域性，整体呈现出由南部向北部推迟的分布特点，西北部阿尔泰山脉、萨彦岭、杭爱山脉等高海拔地区 SOS 较晚，集中在 130～150 天；中部以及东部大范围地区 SOS 在 110～130 天；南部河套平原地区由于人类活动影响较大，SOS 较晚，集中在 130～150 天。不同植被类型 SOS 存在差异，荒漠草原 SOS（90～120 天）整

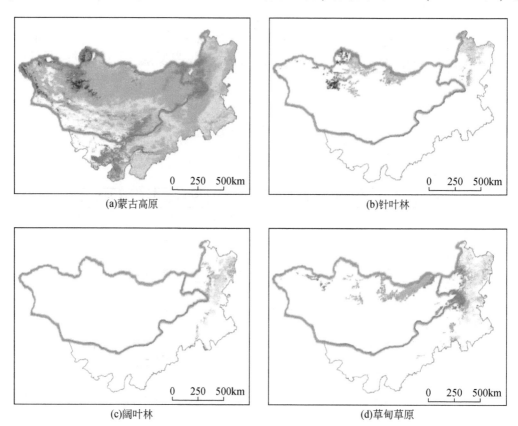

(a)蒙古高原　　　　　　　　　　　　　(b)针叶林

(c)阔叶林　　　　　　　　　　　　　　(d)草甸草原

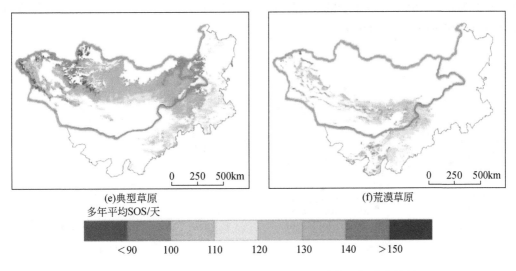

(e)典型草原   (f)荒漠草原

多年平均SOS/天

<90   100   110   120   130   140   >150

图 5.7　2001~2018 年蒙古高原多年平均返青期空间分布特征

体最早，针叶林地区西北部的萨彦岭及其南侧地区 SOS（>150 天）最晚。其余植被类型区域 SOS 集中在 110~150 天。

　　由图 5.8 可知，整体上，蒙古高原 SOS 以 0.03d/10a 的速率呈不显著推迟趋势，其地区面积占比为 50.46%，主要分布在蒙古高原的中部地区，包括杭爱山脉东南部、南部河套平原和锡林郭勒盟东部地区。SOS 呈提前趋势的地区面积占比为 49.54%，分布在大兴安岭北部、阿尔泰山脉东侧、肯特山脉北部以及阴山山脉附近区域。SOS 呈提前和推迟趋势的空间分布不同，SOS 较早的蒙古高原东北部地区和肯特山北部地区 SOS 呈提前趋势，而 SOS 较晚的蒙古高原西北部杭爱山脉附近地区 SOS 呈推迟趋势。

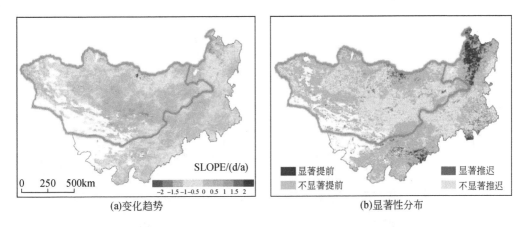

SLOPE/(d/a)

-2 -1.5 -1 -0.5 0 0.5 1 1.5 2

0   250   500km

(a)变化趋势

显著提前　　　　显著推迟
不显著提前　　　　不显著推迟

(b)显著性分布

图 5.8　蒙古高原植被返青期变化趋势及显著性分布

　　整体上，蒙古高原 SOS 体现出先提前后推迟的趋势，变化幅度相对较小。从不同植被类型来看，针叶林、阔叶林以及草甸草原 SOS 均呈较为显著的提前趋势，速率分别为 -0.3448d/a、-0.3085d/a 以及 -0.2567d/a。而典型草原和荒漠草原 SOS 呈弱推迟趋势，速率分别为 0.1084d/a 和 0.1528d/a。此外，除针叶林和草甸草原外，其余植被类型 SOS 最早均出现在 2009 年（图 5.9）。

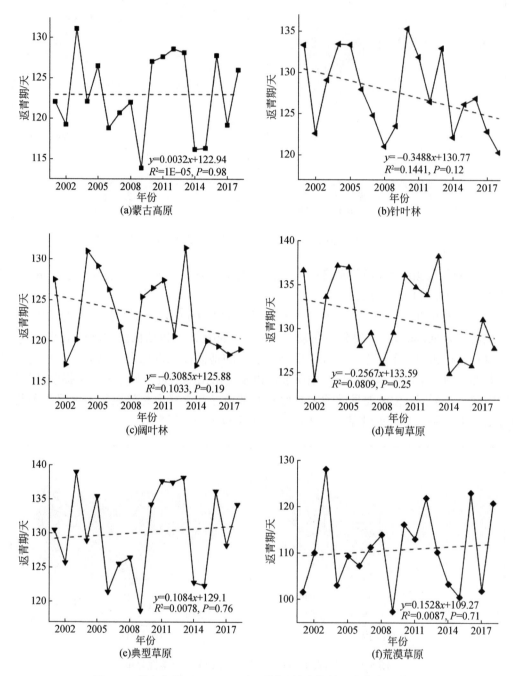

图 5.9　蒙古高原 2001 ~ 2018 年不同区域内植被返青期年际变化

根据 SOS 对 SCF 的敏感度，研究时段内 SOS 对 SCF 的敏感度总体持续增加，2018 年达到峰值（0.855），2004 年敏感性降为 0.093。SOS 对 SCD 的敏感度趋于稳定，敏感度介于 -0.216～0.377，在 2006 年达到最高。表 5.2 中显示 SOS 对 SCED 的敏感度呈下降趋势，这可能与部分区域温度偏低导致积雪冻结时间过长有关。2001～2018 年随着年均温度的不断升高，融雪期的温度也在相应发生改变，在各因子的综合作用下，蒙古高原 SCF 逐年降低、SCD 缩短以及 SCED 提前均会导致 SOS 提前。另外，在所选的 3 个积雪参数中，SCF 和 SCD 对 SOS 的贡献率大于 SCED，说明 SCF 是影响 SOS 变化的主要因素。这是由于积雪覆盖时会将地表植被与空气隔离，对植被起到一定的增温作用，在积雪开始融化时，融雪是植物的重要水源，给植被返青带来了良好的生长条件。

表 5.2　蒙古高原 2001～2018 年 SOS 与 SCF、SCD、SCED 和 TEMP 的逐年敏感度评价

年份	SCF	SCD	SCED	TEMP
2001	0.477	0.196	-0.041	-0.122
2002	0.372	0.138	0.001	-0.183
2003	0.694	-0.176	-0.046	-0.211
2004	0.093	0.063	-0.005	-0.016
2005	0.427	0.138	-0.048	-0.200
2006	0.306	0.377	-0.038	-0.026
2007	0.314	0.323	-0.047	-0.062
2008	0.34	0.157	-0.044	-0.032
2009	0.554	0.148	0.039	-0.088
2010	0.398	0.162	-0.011	-0.286
2011	0.377	0.251	0.007	-0.100
2012	0.550	0.16	-0.02	0.025
2013	0.458	0.195	-0.029	-0.165
2014	0.582	0.011	0.026	-0.165
2015	0.469	0.187	0.005	-0.056
2016	0.663	-0.063	-0.037	-0.074
2017	0.481	0.357	0.052	0.074
2018	0.855	-0.216	-0.015	0.151
平均	0.467	0.184	0.028	0.113

将不同植被类型 SOS 对 SCF、SCD、SCED 和 TEMP 的敏感度进行对比，结果如图 5.10 所示。阔叶林 SOS 对 SCF 最敏感（1.164），而荒漠草原 SOS 对 SCF 敏感度（0.116）最低。荒漠草原 SOS 对 SCD 的敏感度（0.655）最高，典型草原 SOS 对 SCD 敏感度（0.339）较弱。总体上，SOS 对 TEMP 平均敏感度为 0.146，在针叶林地区达到最高（0.279），在阔叶林地区最低（0.029）。SOS 与 SCED 之间的敏感度介于 0.024～0.084，最低出现在针叶林地区。内蒙古东北部的阔叶林、针叶林地区水分条件好，植被抗寒能力

强，SOS受积雪的储存、融雪时间以及气候变暖的影响较大。而荒漠草原地区较为干旱且对气候变化异常敏感，在缺乏降水的情况下，冬季积雪有利于植物的生长，温度和积雪存在的时间共同为植被返青提供了有利条件。

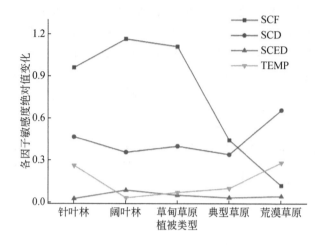

图5.10　蒙古高原不同植被类型敏感度变化

5.3.2　植被物候对积雪相关参数变化的空间响应特征

蒙古高原79.20%地区SOS与PRE表现为正相关关系，其中显著正相关的地区主要分布在蒙古高原西北部、东北部以及科尔沁草原区［图5.11（a）］。温度的升高必然会导致SOS提前，使得81.44%的地区SOS与TEMP呈负相关，这些地区主要分布在西部、东部以及北部，而在南部小范围内呈正相关［图5.11（b）］。由图5.11（c）可知，SOS与SM呈正相关的地区分布在中部、北部、西北部以及东部地区（面积占比为69.69%），呈负相关的地区分布在萨彦岭的西侧、肯特山脉以及蒙古高原南部地区（面积占比为30.31%）。除大兴安岭西侧、杭爱山脉北部以及蒙古高原南部零星分布区域外，有91.73%的地区SOS与SCF表现为正相关关系，说明SCF对SOS的影响显著。SCD的缩短对SOS产生促进作用，二者相关性体现出由西南部向东北部递增的趋势，有91.60%的地

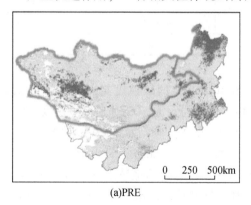
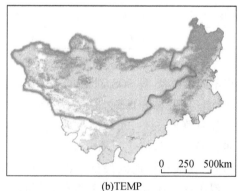

(a)PRE　　　　　　　　　　(b)TEMP

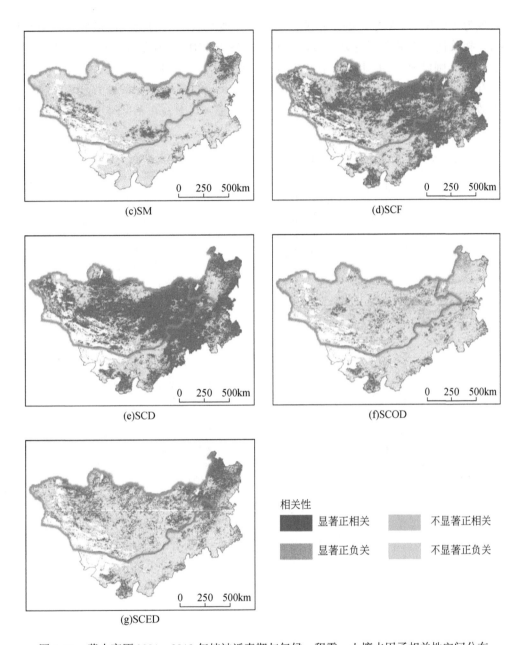

(c)SM

(d)SCF

(e)SCD

(f)SCOD

相关性

显著正相关　　　不显著正相关

显著正负关　　　不显著正负关

(g)SCED

图 5.11　蒙古高原 2001～2018 年植被返青期与气候、积雪、土壤水因子相关性空间分布

区表现为正相关 [图 5.11 (e)]。在研究区内共有 67.35% 的地区 SOS 与 SCOD 表现为正相关，说明 SCOD 的提前对 SOS 有一定的积极效应，但表现不是很显著 [图 5.11 (f)]。积雪融化时间越早，给植被返青所需的温度提供的条件越好，图 5.11 (g) 表明大部分地区（面积占比为 82.41%）SOS 与 SCED 呈现出正相关，较为显著的地区主要分布在蒙古高原西北部、北部以及东北部地区。

　　图 5.12 分析了不同植被类型 SOS 与各驱动因子的相关性。可以看出，除 SOS 与 TEMP 表现出明显的负相关和 SOS 与 SCOD 表现出的正负相关比例相似外，其余因子均与

SOS 表现为大面积（>70%）的正相关。在阔叶林地区表现出的相关性最显著，阔叶林地区 TEMP 相关性面积最大可达75.51km²。植被 SOS 与 PRE、SM 的相关性没有 TEMP 明显，其中针叶林、阔叶林、草甸草原中 SOS 与 TEMP 呈显著负相关的地区面积占比均超过50%。在积雪参数中，SCF、SCD 和 SCED 与植被 SOS 的正相关关系最为显著，随着植被类型的改变表现出从东北部到西南部依次降低的趋势。其中，在阔叶林中 SCF 和 SCED 与

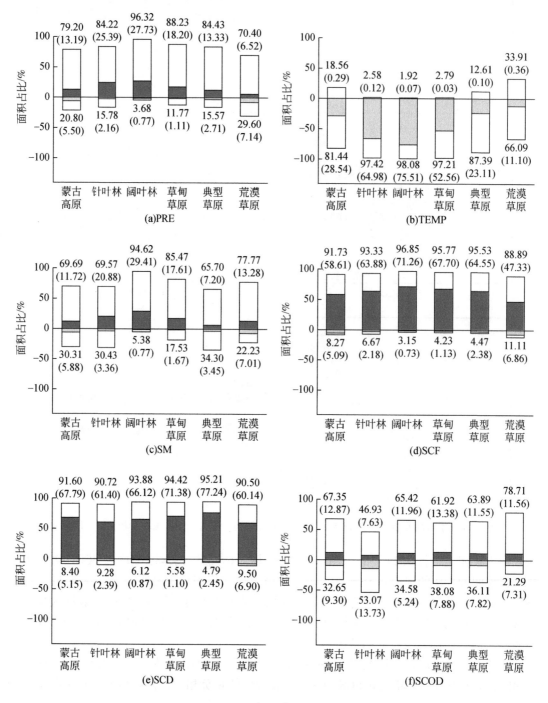

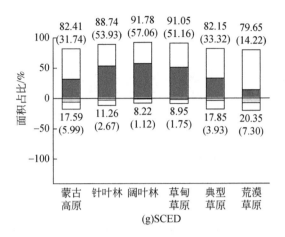

图 5.12　蒙古高原 2001～2018 年植被返青期与气候、积雪、土壤水因子相关性面积占比

以 0 为界分别表示正负相关地区面积占研究区总面积的比例，蓝色部分表示通过显著性检验、$P<0.05$ 的地区
面积占比；括号内外数据分别表示正负相关地区面积（km^2）和正负相关地区面积占比

SOS 呈显著正相关关系，在典型草原中 SCD 与 SOS 正相关关系最为显著。此外，在荒漠草原地区 SOS 与各驱动因子的相关性均达到最低。

5.4　结　　论

1）2001～2018 年蒙古高原 SOS 集中在 110～140 天，呈现从南部到北部逐渐推迟的分布特征。SOS 总体以 0.03d/10a 呈现不显著推迟趋势。其中，针叶林、阔叶林以及草甸草原 SOS 呈现出显著提前趋势，典型草原与荒漠草原 SOS 呈现出轻微推迟趋势。

2）除积雪季节降水量（0.05mm/a）和融雪季节温度（0.09℃/a）呈现出增加的趋势以外，SCF 每年减少 0.12%、SCD 每年缩短 0.17 天、SCOD 和 SCED 每年分别提前 2.02 天和 0.78 天。

3）蒙古高原 SOS 受多种因素共同控制。SCF（0.467）对 SOS 影响最大，其次分别为 SCD（0.184）、TEMP（0.113）和 SCED（0.028）。

4）通过路径分析，突出了区域水热耦合关系的相关性。在阔叶林 SOS_{NPP} 中，TEM_{Spring} 和 PRE_{Spring} 显著下降，路径系数分别为 -0.2 和 -0.09。TEM_{Spring} 对蒙古高原 SOS_{NPP} 具有显著的负效应，路径系数为 -0.09。

5）通过灰色关联分析可以看出，不同植被类型对蒙古高原 SOS_{NPP} 的影响不同。PRE_{Spring} 与森林植被类型 SOS_{NPP} 的灰色关联度最大，为 0.65，SCF_{Winter} 与草原植被类型 SOS_{NPP} 的灰色关联度最大，为 0.66。PRE_{Spring}、SMD_{Spring}、TEM_{Spring}、SM_{Spring} 和 SCF_{Winter} 分别占研究区 SOS_{NPP} 的 21.26%、21.11%、20.72%、20.11% 和 16.8%。

参 考 文 献

包春兰，陈华根．2020．东北平原植被对气候变化的滞后响应研究．测绘标准化，36（3）：14-20．

包刚，包玉海，周义，等．2013．1982—2006 年蒙古高原植被覆盖时空变化分析．中国沙漠，33（3）：918-927．

包刚，包玉龙，阿拉腾图娅，等．2017．1982—2011 年蒙古高原植被物候时空动态变化．遥感技术与应用，32（5）：866-874．

包刚，覃志豪，包玉海，等．2013．1982—2006 年蒙古高原植被覆盖时空变化分析．中国沙漠，33（3）：918-927．

包勇斌，张继权，来权，等．2018．蒙古高原雪深时空变化特征及地形影响．干旱区资源与环境，32（12）：110-116．

车涛，李新．2004．利用被动微波遥感数据反演我国积雪深度及其精度评价．遥感技术与应用，19（5）：301-306．

车涛，李新，高峰．2004．青藏高原积雪深度和雪水当量的被动微波遥感反演．冰川冻土，26（3）：363-368．

陈文倩，丁建丽，马勇刚，等．2018．亚洲中部干旱区积雪时空变异遥感分析．水科学进展，29（1）：11-19．

程善俊，管晓丹，黄建平，等．2013．利用 GLDAS 资料分析黄土高原半干旱区土壤湿度对气候变化的响应．干旱气象，31（4）：641-649．

高峰，李新，王介民，等．2003．被动微波遥感在青藏高原积雪业务监测中的初步应用．遥感技术与应用，18（6）：360-363．

管晓丹，程善俊，郭瑞霞，等．2014．干旱半干旱区土壤湿度数值模拟研究进展．干旱气象，32（1）：135-141．

郭建平，刘欢，安林昌，等．2016．2001—2012 年青藏高原积雪覆盖率变化及地形影响．高原气象，35（1）：24-33．

郝晓华，王杰，王建，等．2012．积雪混合像元光谱特征观测及解混方法比较．光谱学与光谱分析，32（10）：2753-2758．

侯学会，牛铮，高帅．2014．近十年中国东北森林植被物候遥感监测．光谱学与光谱分析，34（2）：515-519．

胡春春．2017．统计学．北京：北京理工大学出版社：141．

姜康，包刚，乌兰图雅，等．2019．2001—2017 年蒙古高原不同植被返青期变化及其对气候变化的响应．生态学杂志，38（8）：2490-2499．

蒋玲梅，崔慧珍，王功雪，等．2020．积雪、土壤冻融与土壤水分遥感监测研究进展．遥感技术与应用，35（6）：1237-1262．

蒋玲梅，王培，张立新，等．2014．FY3B-MWRI 中国区域雪深反演算法改进．中国科学：地球科学，44（3）：531-547．

孔冬冬，张强，黄文琳，等．2017．1982—2013 年青藏高原植被物候变化及气象因素影响．地理学报，

72（1）：39-52.

李百超，温秀卿，王晾晾，等．2011. 黑龙江省春季土壤湿度近30a变化趋势．干旱气象，29（3）：289-296.

李晨昊，萨楚拉，刘桂香，等．2020. 2000～2017年蒙古高原积雪时空变化及其对气候响应研究．中国草地学报，42（2）：95-104.

李晨昊，萨楚拉，王牧兰，等．2019. 1961—2016年内蒙古雪灾时空分布特征．自然灾害学报，28（2）：136-144.

李夏子，郭春燕，韩国栋．2013. 气候变化对内蒙古荒漠化草原优势植物物候的影响．生态环境学报，（1）：50-57.

李晓静，刘玉洁，朱小祥，等．2007. 利用SSM/I数据判识我国及周边地区雪盖．应用气象学报，18（1）：12-20.

李云，冯学智，肖鹏峰，等．2015. 巴音布鲁克典型区MODIS亚像元积雪覆盖率估算．南京大学学报（自然科学），51（5）：1022-1029.

刘良明，徐琪，胡玥，等．2012. 利用非线性NDSI模型进行积雪覆盖率反演研究．武汉大学学报（信息科学版），37（5）：534-536.

刘思峰，党耀国，方志耕，等．2010. 灰色系统理论及其应用．5版．北京：科学出版社：73.

孟祥金，毛克彪，孟飞，等．2019. 基于空间权重分解的降尺度土壤水分产品的中国土壤水分时空格局研究．高技术通讯，29（4）：402-412.

萨楚拉．2015. 内蒙古草原牧区雪灾监测与风险评价研究．北京：中国农业科学院．

萨楚拉，刘桂香，包刚，等．2013. 内蒙古积雪面积时空变化及其对气候响应．干旱区资源与环境，27（2）：137-142.

萨楚拉，刘桂香，包玉龙，等．2015. 基于风云3B微波亮温数据的内蒙古草原牧区雪深反演研究．中国草地学报，37（3）：60-66.

萨日盖，包刚，包玉海，等．2020. 内蒙古植被枯黄期变化及其与气候和植被生产力的关系．应用生态学报，31（6）：1898-1908.

施建成．2012. MODIS亚像元积雪覆盖反演算法研究．第四纪研究，32（1）：6-15.

史丹丹．2016. 基于NDVI的黄河源区生长季植被对气候因子的响应．昆明：云南大学．

宋海清，李云鹏，张静茹，等．2016. 内蒙古地区多种土壤水分资料的初步评估．干旱区资源与环境，30（8）：139-144.

孙佳．2008. 47年来石羊河流域气候变化趋势及突变分析．兰州：兰州大学．

孙秀云．2020. 锡林郭勒盟草地物候时空演变及其气候影响因素分析．邯郸：河北工程大学．

孙知文．2007. 风云三号微波成像仪（FY-3MWRI）积雪参数反演算法研究与系统开发．北京：北京师范大学．

王介民，高峰．2016. 关于地表反照率遥感反演的几个问题．遥感技术与应用，19（5）：295-300.

王增艳，车涛．2012. 2002—2009年中国干旱区积雪时空分布特征．干旱区研究，29（3）：464-471.

温都日娜，包玉海，银山，等．2017. 2000—2014年蒙古高原植被覆盖时空变化特征及其对地表水热因子的响应．冰川冻土，39（6）：1345-1356.

武永峰，李茂松，宋吉青．2008. 植物物候遥感监测研究进展．气象与环境学报，24（3）：51-58.

徐雨晴，陆佩玲，于强．2004. 气候变化对植物物候影响的研究进展．资源科学，（1）：129-136.

延昊，张佳华．2008. 基于SSM/I被动微波数据的中国积雪深度遥感研究．山地学报，26（1）：59-64.

杨倩．2015. 东北地区积雪时空分布及其融雪径流模拟．长春：吉林大学．

曾凤，时伟宇，马明国，等．2019. 一种基于MODIS数据对GIMMS数据进行延长的方法：CN110147617A.

张雯, 包刚, 包玉海. 2018. 1982—2013 年内蒙古植被返青期动态监测及其对气候变化的响应. 中国农业信息, 30 (2): 63-75.

张显峰, 包慧漪, 刘羽, 等. 2014. 基于微波遥感数据的雪情参数反演方法. 山地学报, (3): 307-313.

张学通, 黄晓东, 梁天刚, 等. 2008. 新疆北部地区 MODIS 积雪遥感数据 MOD10A1 的精度分析. 草业学报, (2): 110-117

张颖, 黄晓东, 王玮, 等. 2013. MODIS 逐日积雪覆盖率产品验证及算法重建. 干旱区研究, 30 (5): 808-814.

仲桂新, 宋开山, 王宗明, 等. 2010. 东北地区 MODIS 和 AMSR-E 积雪产品验证及对比. 冰川冻土, (6): 1262-1269.

祝昌汉, 张强, 陈峪. 2003. 2002 年我国十大极端气候事件. 灾害学, 18 (2): 74-78.

Albergel C, Rosnay P D, Gruhier C, et al. 2012. Evaluation of remotely sensed and modelled soil moisture products using global ground-based in situ observations. Remote Sensing of Environment, 11: 215-226.

Bao G, Qin Z, Bao Y, et al. 2014. NDVI-based long-term vegetation dynamics and its response to climatic change in the Mongolian Plateau. Remote Sensing, 6 (9): 8337-8358.

Beck P S A, Goetz S J. 2011. Satellite observations of high northern latitude vegetation productivity changes between 1982 and 2008: ecological variability and regional differences. Environmental Research Letters, 6 (4): 045501.

Chang A T C, Foster J L, Hall D K. 1987. Nimbus-7 SMMR derived global snow cover parameters. Annals of Glaciology, 9: 39-44.

Chang A T, Nimbus C. 1986. SMMR snow cover data. Available from the National Technical Information Service, 7: 181-187.

Chen X, Liang S, Cao Y, et al. 2016. Distribution, attribution, and radiative forcing of snow cover changes over China from 1982 to 2013. Climatic Change, 137: 363-377.

Dai J, Liu X, Hu F. 2014. Research and application for grey relational analysis in multigranularity based on normality grey number. Scientific World Journal, 312645.

Dall'Olmo G, Karnieli A. 2002. Monitoring phenological cycles of desert ecosystems using NDVI and LST data derived from NOAA-AVHRR imagery. International Journal of Remote Sensing, 23 (19): 4055-4071.

Derksen C. 2008. The contribution of AMSR-E 18.7 and 10.7 GHz measurements to improved boreal forest snow water equivalent retrievals. Remote Sensing of Environment, 112 (5): 2701-2710.

Dobreva I D, Klein A G. 2011. Fractional snow cover mapping through artificial neural network analysis of MODIS surface reflectance. Remote Sensing of Environment, 115: 3355-3366.

Dorji T, Totland Ø, Moe S R, et al. 2013. Plant functional traits mediate reproductive phenology and success in response to experimental warming and snow addition in Tibet. Global Change Biology, 19 (2): 459-472.

Foster J L, Hall D K, Chang A T C, et al. 1984. An overview of passive microwave snow research and results. Reviews of Geophysics, 22 (2): 195-208.

Gao H R, Nie N, Zang W C, et al. 2020. Monitoring the spa-tial distribution and changes in permafrost with passive micro-wave remote sensing. ISPRS Journal of Photogrammetry and Remote Sensing, 170: 142-155.

Gao Y, Xie H, Yao T. 2011. Developing snow cover parameters maps from MODIS, AMSR-E, and blended snow products. Photogrammetric Engineering & Remote Sensing, 77 (4): 351-361.

Guo L H, Wu S H, Zhao D S, et al. 2014. NDVI-based vegetation change in inner mongolia from 1982 to 2006 and its relationship to climate at the biome scale. Advances in Meteorology, (4): 79-92.

Hall D K, Foster J L, Chang A T C, et al. 1996. Analysis of snow cover in Alaska using aircraft microwave data (April 1995) //IGARSS' 96. 1996. International Geoscience & Remote Sensing Symposium. Lincoln: IEEE: 2246-2248.

Hall D K, Riggs G A, Foster J L, et al. 2010. Development and evaluation of a cloud-gap-filled MODIS daily snow-cover product. Remote Sensing of Environment, 114 (3): 496-503.

Hall D K, Riggs G A, Salomonson V V. 1995. Development of methods for mapping global snow cover using moderate resolution imaging spectroradiometer data. Remote Sensing of Environment, 54 (2): 127-140.

Harrison A R, Lucas R M. 1989. Multi-spectral classification of snow using NOAA AVHRR imagery. International Journal of Remote Sensing, 10 (4-5): 907-916.

Hou X, Gao S, Niu Z, et al. 2014. Extracting grassland vegetation phenology in North China based on cumulative SPOT-VEGETATION NDVI data. International Journal of Remote Sensing, 35 (9): 3316-3330.

Huang Y, Shen L, Liu H. 2019. Grey relational analysis, principal component analysis and forecasting of carbon emissions based on long short-term memory in China. Journal of Cleaner Production, 209: 415-423.

Jiang L L, Wang S P, Meng F D, et al. 2016. Relatively stable response of fruiting stage to warming and cooling relative to other phenological events. Ecology, 97 (8): 1961-1969.

Kidder S Q, Wu H T. 1987. A multispectral study of the St. Louis area under snow-covered conditions using NOAA-7 AVHRR data. Remote Sensing of Environment, 22 (2): 159-172.

Mark A F, Korsten A C, Guevara D U, et al. 2015. Ecological responses to 52 years of experimental snow manipulation in high-alpine cushionfield, Old Man Range, south-central New Zealand. Arctic, Antarctic, and Alpine Research, 47 (4): 751-772.

Matsumura S, Yamazaki K. 2012. A longer climate memory carried by soil freeze-thaw processes in Siberia. Environmental Research Letters, 7 (4): 045402.

Metsämäki S, Vepsäläinen J, Pulliainen J, et al. 2002. Improved linear interpolation method for the estimation of snow-covered area from optical data. Remote Sensing of Environment, 82 (1): 64-78.

Paudel K P, Andersen P. 2011. Monitoring snow cover variability in an agropastoral area in the Trans Himalayan region of Nepal using MODIS data with improved cloud removal methodology. Remote Sensing of Environment, 115 (5): 1234-1246.

Peng C, Ma Z, Lei X, et al. 2011. A drought-induced pervasive increase in tree mortality across Canada's boreal forests. Nature Climate Change, 1 (9): 467.

Peng S, Piao S, Ciais P, et al. 2010. Change in winter snow depth and its impacts on vegetation in China. Global Change Biology, 16 (11): 3004-3013.

Piao S, Fang J, Zhou L, et al. 2006. Variations in satellite-derived phenology in China's temperate vegetation. Global Change Biology, 12 (4): 672-685.

Piao S, Wang X, Ciais P, et al. 2011. Changes in satellite-derived vegetation growth trend in temperate and boreal Eurasia from 1982 to 2006. Global Change Biology, 17 (10): 3228-3239.

Potter C S, Randerson J T, Field C B, et al. 1993. Terrestrial ecosystem production: a process model based on global satellite and surface data. Global Biogeochemical Cycles, 7 (4): 811-841.

Reed B C, Brown J F, Vanderzee D, et al. 1994. Measuring phenological variability from satellite imagery. Journal of Vegetation Science, 5 (5): 703-714.

Riggs G A, Hall D K, Román M O. 2016. MODIS snow products collection 6 user guide. https://modis-snow-ice. gsfc. nasa. gov/uploads/C6_MODIS_Snow_User_Guide. pdf[2024-12-15].

Shen M, Tang Y, Chen J, et al. 2011. Influences of temperature and precipitation before the growing season on spring phenology in grasslands of the central and eastern Qinghai-Tibetan Plateau. Agricultural and Forest Meteorology, 151 (12): 1711-1722.

Shen M, Zhang G, Cong N, et al. 2014. Increasing altitudinal gradient of spring vegetation phenology during the last decade on the Qinghai-Tibetan Plateau. Agricultural and Forest Meteorology, 189: 71-80.

Shi G, Buffen A M, Ma H, et al. 2018. Distinguishing summertime atmospheric production of nitrate across the East Antarctic Ice Sheet. Geochimica et Cosmochimica Acta, 231: 1-14.

Simpson J J, Stitt J R, Sienko M. 1998. Improved estimates of the areal extent of snow cover from AVHRR data. Journal of Hydrology, 204 (1-4): 1-23.

Stage F, Carter H, Nora A. 2004. Path analysis: an introduction and analysis of a decade of research. The Journal of Educational Research, 98: 5-13.

Trujillo E, Molotch N P, Goulden M L, et al. 2012. Elevation-dependent influence of snow accumulation on forest greening. Nature Geoscience, 5 (10): 705.

Vasconcelos A G, Almeida R M, Nobre F F. 1998. The path analysis approach for the multivariate analysis of infant mortality data. Annals of Epidemiology, 8: 262-271.

Wang J, Liu D S. 2022. Vegetation green-up date is more sensitive to permafrost degradation than climate change in spring across the northern permafrost region. Global Change Biology, 28 (4): 1569-1582.

Wang S P, Meng F D, Duan J C, et al. 2014. Asymmetric sensitivity of first flowering date to warming and cooling in alpine plants. Ecology, 95 (12): 3387-3398.

Wang X. 2019. Application of grey relation analysis theory to choose high reliability of the network node. Journal of Physics: Conference Series, 1237: 032056.

White M A, Thornton P E, Running S W. 1997. A continental phenology model for monitoring vegetation responses to interannual climatic variability. Global Biogeochemical Cycles, 11 (2): 217-234.

Wu C, Hou X, Peng D, et al. 2016. Land surface phenology of China's temperate ecosystems over 1999-2013: spatial-temporal patterns, interaction effects, covariation with climate and implications for productivity. Agricultural and Forest Meteorology, 216: 177-187.

Zhang X, Friedl M A, Schaaf C B, et al. 2003. Monitoring vegetation phenology using MODIS. Remote Sensing of Environment, 84 (3): 471-475.

Zhang Y, Wang S, Barr A G, et al. 2008. Impact of snow cover on soil temperature and its simulation in a boreal aspen forest. Cold Regions Science and Technology, 52: 355-370.

Zhao J, Zhang H, Zhang Z, et al. 2015. Spatial and temporal changes in vegetation phenology at middle and high latitudes of the Northern Hemisphere over the past three decades. Remote Sensing, 7 (8): 10973-10995.

Zhu L L, Ma G Y, Zhang Y H, et al. 2022. Accelerated decline of snow cover in China from 1979 to 2018 observed from space. Science of the Total Environment, 814: 152491.